Premiere Pro 2020 中文版
入门、精通与实战

海天印象　编著

电子工业出版社
Publishing House of Electronics Industry
北京·BEIJING

内 容 简 介

本书详细介绍了Premiere Pro 2020软件的应用方法，以及使用Premiere Pro 2020进行视频编辑与处理的方法和技巧，能够帮助读者快速上手并成为应用高手。

本书共13章，内容包括Premiere Pro 2020快速上手、添加与调整素材文件、色彩色调的调整技巧、编辑与设置转场效果、精彩视频效果的制作、编辑与设置影视字幕、创建与制作字幕特效、音频文件的基础操作、处理与制作音频特效、影视覆叠特效的制作、视频运动效果的制作、设置与导出视频文件及商业广告的设计实战，读者学习完本书后可以融会贯通、学以致用，制作出更多专业的影视文件。

本书结构清晰、语言简洁，适合视频处理、影像处理、多媒体设计等从事人员阅读，同时适合新闻采编用户、节目栏目编导、影视制作人、婚庆视频编辑及音频处理人员参考学习，还可作为各类计算机培训中心、中职中专、高职高专等院校相关专业的辅导教材等。

未经许可，不得以任何方式复制或抄袭本书之部分或全部内容。
版权所有，侵权必究。

图书在版编目（CIP）数据

Premiere Pro 2020中文版入门、精通与实战 / 海天印象编著. —北京：电子工业出版社，2021.1
ISBN 978-7-121-39969-5

Ⅰ.①P… Ⅱ.①海… Ⅲ.①视频编辑软件 Ⅳ.①TP317.53

中国版本图书馆CIP数据核字（2020）第226694号

责任编辑：于庆芸　　　　　　特约编辑：田学清
印　　刷：中国电影出版社印刷厂
装　　订：中国电影出版社印刷厂
出版发行：电子工业出版社
　　　　　北京市海淀区万寿路173信箱　　　邮编：100036
开　　本：787×1092　1/16　　印张：19.5　　字数：499.2千字
版　　次：2021年1月第1版
印　　次：2021年1月第1次印刷
定　　价：99.00元

凡所购买电子工业出版社图书有缺损问题，请向购买书店调换。若书店售缺，请与本社发行部联系，联系及邮购电话：（010）88254888，88258888。
质量投诉请发邮件至zlts@phei.com.cn，盗版侵权举报请发邮件到dbqq@phei.com.cn。
本书咨询联系方式：（010）88254161~88254167转1897。

软件简介

Premiere Pro 2020是美国Adobe公司出品的音视频非线性编辑软件，是音视频编辑爱好者和专业人士必不可少的编辑工具，可以支持当前所有标清和高清格式的音视频文件实时编辑。它提供了采集、剪辑、调色、美化音频、字幕添加、输出、DVD刻录的一整套流程，并和其他Adobe软件高效集成，满足用户创建高质量作品的需求。目前，这款软件广泛应用于影视编辑、广告制作和电视节目制作中。

本书特点

为了帮助广大读者快速掌握Premiere Pro 2020的操作技巧，本书根据众多设计人员及教学人员的经验，精心设计了系统的学习体系。本书主要有以下特点。

内容全面：包括添加影视、编辑影视、校正色彩、调整色调、应用视频转场、应用视频特效、添加字幕、应用字幕特效、制作音频、添加音频特效、叠加特效等详细内容讲解。

功能完备：工具、按钮、菜单、命令、快捷键、理论、范例等应有尽有，功能讲解非常详细、具体，本书不仅是一本自学手册，还是一本即查即学、即用手册。

案例丰富：3大领域专题实战精通＋550多款素材与效果案例演练＋160多个视频播放，帮助读者步步精通，成为影视行家。

本书结构安排

本书合理安排知识点，运用简练、流畅的语言，结合丰富、实用的实例，由浅入深地对Premiere Pro 2020的视频编辑功能进行全面、系统的讲解，让读者在最短的时间内掌握最有用的知识。本书结构安排如下。

第1章 Premiere Pro 2020快速上手。通过对本章的学习，读者可以了解视频编辑的基础知识；了解Premiere Pro 2020的主要功能；认识Premiere Pro 2020工作界面及掌握项目文件的基本操作方法。

第2章 添加与调整素材文件。通过对本章的学习，读者可以掌握添加素材文件的方法；掌握调整影视素材的方法及剪辑素材文件的方法。

第3章 色彩色调的调整技巧。通过对本章的学习，读者可以了解色彩的基础知识；了解色彩的校正方法及调整图像色彩的方法。

第4章 编辑与设置转场效果。通过对本章的学习，读者可以了解转场的基础知识；掌握编辑转场效果的方法；掌握设置转场效果的操作方法及应用常用的转场特效的技巧。

第5章 精彩视频效果的制作。通过对本章的学习，读者可以掌握添加视频效果的方法；掌握管理视频效果的方法；掌握对视频、图像及音频等多种素材进行特效处理和加工的方法。

第6章 编辑与设置影视字幕。通过对本章的学习，读者可以了解字幕的简介和面板；了解字幕运动特效及掌握创建字幕遮罩动画的操作方法。

第7章 创建与制作字幕特效。通过对本章的学习，读者可以掌握设置标题属性的操作方法；掌握设置字幕的填充效果的方法及制作精彩字幕效果的方法。

第8章 音频文件的基础操作。通过对本章的学习，读者可以了解数字音频的定义；掌握音频的基础操作方法及音频效果的编辑方法。

第9章 处理与制作音频特效。通过对本章的学习，读者可以了解音轨混合器的基本功能；掌握音频效果的处理方法；掌握制作立体声音频效果的方法；掌握制作常用音频效果的方法及其他音频效果的制作方法。

PREFACE

  第10章　影视覆叠特效的制作。通过对本章的学习，读者可以认识Alpha的通道与遮罩知识；掌握透明叠加的应用方法及制作其他叠加方式的操作方法。

  第11章　视频运动效果的制作。通过对本章的学习，读者可以掌握设置运动关键帧的操作方法；掌握应用运动效果的操作方法及制作画中画特效的操作方法。

  第12章　设置与导出视频文件。通过对本章的学习，读者可以掌握设置视频参数的操作方法；掌握设置影片导出参数的操作方法及导出影视文件的操作方法。

  第13章　商业广告的设计实战。本章详细讲解了三大综合案例：戒指广告、婚纱相册、儿童相册，学习完本章后读者能够学以致用、举一反三，结合所学知识制作出更加精美的视频文件。

本书编写人员

  本书由海天印象编著，参与编写的人员还有禹乐等人，在此表示感谢。由于作者水平有限，书中难免有错误和疏漏之处，恳请广大读者批评、指正。

编著者
2020年6月

目录

第1章　Premiere Pro 2020快速上手 1

1.1　认识Premiere Pro 2020工作界面 1
- 1.1.1　认识标题栏 1
- 1.1.2　认识"监视器"面板的显示模式 1
- 1.1.3　认识"监视器"面板中的工具 1
- 1.1.4　认识"历史记录"面板 2
- 1.1.5　认识"信息"面板 2
- 1.1.6　认识菜单栏 3

1.2　Premiere Pro 2020操作界面 5
- 1.2.1　"项目"面板 5
- 1.2.2　"效果"面板 6
- 1.2.3　"效果控件"面板 6
- 1.2.4　工具箱 7
- 1.2.5　"时间轴"面板 7

1.3　项目文件的基本操作 8
- 1.3.1　创建项目文件 8
- 1.3.2　打开项目文件 9
- 1.3.3　保存项目文件 11

1.4　素材文件的基本操作 12
- 1.4.1　导入素材文件 12
- 1.4.2　播放项目文件 14
- 1.4.3　编组素材文件 15
- 1.4.4　嵌套素材文件 16

1.5　素材文件的编辑操作 17
- 1.5.1　案例——运用选择工具选择素材 ... 17
- 1.5.2　案例——运用剃刀工具剪切素材 ... 18
- 1.5.3　案例——运用外滑工具移动素材 ... 19
- 1.5.4　案例——运用波纹编辑工具改变素材长度 ... 19

第2章　添加与调整素材文件 21

2.1　影视素材的添加 21
- 2.1.1　案例——添加视频素材 21
- 2.1.2　案例——添加音频素材 22
- 2.1.3　案例——添加静态图像素材 23
- 2.1.4　案例——添加图层图像素材 23

2.2　影视素材的编辑 24
- 2.2.1　案例——复制粘贴影视视频 24
- 2.2.2　案例——分离影视视频 25
- 2.2.3　案例——组合影视视频 27
- 2.2.4　案例——删除影视视频 27
- 2.2.5　案例——设置素材入点 29
- 2.2.6　案例——设置素材出点 29

2.3　调整影视素材 30
- 2.3.1　调整素材显示方式 30
- 2.3.2　调整播放时间 32
- 2.3.3　调整播放速度 32
- 2.3.4　调整播放位置 34

2.4　剪辑影视素材 35
- 2.4.1　三点剪辑技术 35
- 2.4.2　四点剪辑技术 38

第3章　色彩色调的调整技巧 41

3.1　了解色彩基础 41
- 3.1.1　色彩的概念 41
- 3.1.2　色相 42
- 3.1.3　亮度和饱和度 42
- 3.1.4　RGB色彩模式 42
- 3.1.5　灰度模式 43
- 3.1.6　Lab色彩模式 43
- 3.1.7　HLS色彩模式 44

3.2　色彩的校正 44
- 3.2.1　校正"RGB曲线" 44
- 3.2.2　校正"更改颜色" 47
- 3.2.3　校正"颜色平衡（HLS）" 50

3.3　图像色彩的调整 51
- 3.3.1　案例——调整色阶 51
- 3.3.2　案例——运用卷积内核 53
- 3.3.3　案例——运用光照效果 55
- 3.3.4　案例——调整图像的黑白 57
- 3.3.5　案例——调整图像的颜色过滤 . 58
- 3.3.6　案例——调整图像的颜色替换 . 60

第4章　编辑与设置转场效果 63

4.1　转场的基础知识 63
- 4.1.1　认识转场功能 63
- 4.1.2　认识转场分类 63
- 4.1.3　认识转场应用 64

4.2　转场效果的编辑 64
- 4.2.1　案例——添加转场效果 64
- 4.2.2　案例——为不同的轨道添加转场 . 66
- 4.2.3　案例——替换和删除转场效果 . 67

4.3　转场效果属性的设置 68
- 4.3.1　案例——设置转场时间 68
- 4.3.2　案例——对齐转场效果 70
- 4.3.3　案例——反向转场效果 71
- 4.3.4　案例——显示实际素材来源 ... 72
- 4.3.5　案例——设置转场边框 73

4.4　应用常用转场特效 74
- 4.4.1　案例——叠加溶解 75
- 4.4.2　案例——中心拆分 76
- 4.4.3　案例——渐变擦除 78
- 4.4.4　案例——翻页 80
- 4.4.5　案例——带状滑动 81
- 4.4.6　案例——内滑 83

第5章 精彩视频效果的制作 85

5.1 视频效果的操作 85
- 5.1.1 添加单个视频效果 85
- 5.1.2 添加多个视频效果 87
- 5.1.3 复制与粘贴视频效果 88
- 5.1.4 删除视频效果 89
- 5.1.5 关闭视频效果 91

5.2 制作常用视频特效 91
- 5.2.1 案例——制作键控特效 91
- 5.2.2 案例——制作垂直翻转特效 94
- 5.2.3 案例——制作水平翻转特效 95
- 5.2.4 案例——制作高斯模糊特效 96
- 5.2.5 案例——制作镜头光晕特效 97
- 5.2.6 案例——制作湍流置换特效 98
- 5.2.7 案例——制作纯色合成特效 99
- 5.2.8 案例——添加蒙尘与划痕特效 100
- 5.2.9 案例——添加透视特效 101
- 5.2.10 案例——添加时间码特效 104

第6章 编辑与设置影视字幕 105

6.1 了解字幕简介和面板 105
- 6.1.1 标题字幕简介 105
- 6.1.2 字幕属性面板 106
- 6.1.3 字幕样式 106
- 6.1.4 案例——水平字幕的创建 107
- 6.1.5 案例——垂直字幕的创建 109
- 6.1.6 案例——创建多个字幕文本 110
- 6.1.7 案例——字幕的导出 111

6.2 了解"字幕属性"面板 111
- 6.2.1 "变换"选项区 112
- 6.2.2 "填充"选项区 112
- 6.2.3 "描边"选项区 113
- 6.2.4 "阴影"选项区 113

6.3 了解字幕运动特效 114
- 6.3.1 字幕运动原理 114
- 6.3.2 "运动"面板 115

6.4 创建字幕遮罩动画 116
- 6.4.1 创建椭圆形蒙版动画 116
- 6.4.2 创建4点多边形蒙版动画 118
- 6.4.3 创建自由曲线蒙版动画 121

第7章 创建与制作字幕特效 125

7.1 设置标题字幕的属性 125
- 7.1.1 设置字幕样式 125
- 7.1.2 变换字幕特效 126
- 7.1.3 设置字幕间距 127
- 7.1.4 设置字体属性 128
- 7.1.5 旋转字幕角度 129
- 7.1.6 设置字幕大小 130

7.2 设置字幕的填充效果 131
- 7.2.1 设置实色填充 131
- 7.2.2 设置渐变填充 134
- 7.2.3 设置斜面填充 137
- 7.2.4 设置纹理填充 139
- 7.2.5 设置描边与阴影效果 140

7.3 制作精彩的字幕效果 145
- 7.3.1 制作路径特效字幕 145
- 7.3.2 制作游动特效字幕 147
- 7.3.3 制作滚动特效字幕 148
- 7.3.4 制作水平旋转特效字幕 149
- 7.3.5 制作旋转特效字幕 150
- 7.3.6 制作拉伸特效字幕 152
- 7.3.7 制作旋转扭曲特效字幕 153
- 7.3.8 制作发光特效字幕 154
- 7.3.9 制作淡入与淡出字幕 155
- 7.3.10 制作混合特效字幕 157

第8章 音频文件的基础操作 159

8.1 数字音频的定义 159
- 8.1.1 认识声音的概念 159
- 8.1.2 认识声音类型 160
- 8.1.3 应用数字音频 161

8.2 音频的基本操作 162
- 8.2.1 运用"项目"面板添加音频 162
- 8.2.2 运用菜单命令添加音频 163
- 8.2.3 运用"项目"面板删除音频 163
- 8.2.4 运用"时间轴"面板删除音频 164
- 8.2.5 运用菜单命令添加音频轨道 165
- 8.2.6 运用"时间轴"面板添加音频轨道 166
- 8.2.7 使用剃刀工具分割音频文件 166
- 8.2.8 删除部分音频轨道 167

8.3 音频效果的编辑 168
- 8.3.1 案例——添加音频过渡 168
- 8.3.2 案例——添加音频特效 169
- 8.3.3 案例——运用"效果控件"面板删除特效 170
- 8.3.4 案例——设置音频增益 171
- 8.3.5 案例——设置音频淡化 173

第9章 处理与制作音频特效 175

9.1 认识音轨混合器 175
- 9.1.1 了解"音轨混合器"面板 175
- 9.1.2 "音轨混合器"的基本功能 176
- 9.1.3 "音轨混合器"的面板菜单 177

9.2 音频效果的处理 178
- 9.2.1 处理参数均衡器 178

9.2.2	处理高低音转换	179
9.2.3	处理声音的波段	181
9.3	**制作立体声音频的效果**	**182**
9.3.1	导入视频素材	182
9.3.2	视频与音频的分离	183
9.3.3	为分割的音频添加特效	184
9.3.4	音频混合器的设置	185
9.4	**制作常用音频效果**	**186**
9.4.1	案例——音量特效	186
9.4.2	案例——降噪特效	188
9.4.3	案例——平衡特效	191
9.4.4	案例——延迟特效	193
9.4.5	案例——混响特效	195
9.4.6	案例——消除齿音特效	198
9.5	**制作其他音频效果**	**199**
9.5.1	案例——合成特效	199
9.5.2	案例——反转特效	200
9.5.3	案例——低通特效	202
9.5.4	案例——高通特效	204
9.5.5	案例——高音特效	205
9.5.6	案例——低音特效	206
9.5.7	案例——降爆声特效	207
9.5.8	案例——滴答声特效	208
9.5.9	案例——互换声道特效	209
9.5.10	案例——参数均衡特效	211
9.5.11	案例——Phaser 特效	213

第10章 影视覆叠特效的制作 215

10.1	**Alpha通道与遮罩的认识**	**215**
10.1.1	Alpha 通道的定义	215
10.1.2	通过 Alpha 通道进行视频叠加	216
10.1.3	了解遮罩的概念	217
10.2	**常用透明叠加的应用**	**218**
10.2.1	案例——应用透明度叠加	218
10.2.2	案例——应用非红色键叠加	220
10.2.3	案例——应用颜色键透明叠加	220
10.2.4	案例——应用亮度透明叠加	222
10.3	**制作其他叠加方式**	**222**
10.3.1	案例——制作字幕叠加	223
10.3.2	案例——制作差值遮罩键	224
10.3.3	案例——制作淡入淡出叠加	226
10.3.4	案例——制作局部马赛克遮罩效果	228
10.3.5	案例——应用设置遮罩叠加效果	230

第11章 视频运动效果的制作 233

11.1	**运动关键帧的设置**	**233**
11.1.1	通过时间线添加关键帧	233
11.1.2	通过"效果控件"面板添加关键帧	234
11.1.3	关键帧的调节	235
11.1.4	关键帧的复制和粘贴	236

11.1.5	关键帧的切换	237
11.1.6	关键帧的删除	237
11.2	**运动效果的精彩运用**	**238**
11.2.1	案例——飞行运动特效	238
11.2.2	案例——缩放运动特效	239
11.2.3	案例——旋转降落特效	242
11.2.4	案例——镜头推拉特效	243
11.2.5	案例——字幕漂浮特效	245
11.2.6	案例——字幕逐字输出特效	248
11.2.7	案例——字幕立体旋转特效	252
11.3	**制作画中画特效**	**254**
11.3.1	认识画中画	254
11.3.2	案例——画中画特效的导入	255
11.3.3	案例——画中画特效的制作	256

第12章 设置与导出视频文件 259

12.1	**视频参数的设置**	**259**
12.1.1	预览视频区域	259
12.1.2	设置参数区域	260
12.2	**设置影片导出参数**	**261**
12.2.1	音频参数	261
12.2.2	效果参数	262
12.3	**导出影视文件**	**262**
12.3.1	案例——编码文件的导出	263
12.3.2	案例——EDL 文件的导出	264
12.3.3	案例——OMF 文件的导出	265
12.3.4	案例——MP3 音频文件的导出	266
12.3.5	案例——WAV 音频文件的导出	267
12.3.6	案例——视频文件格式的转换	268
12.3.7	案例——DPX 静止媒体文件的导出	269

第13章 商业广告的设计实战 271

13.1	**戒指广告的制作**	**271**
13.1.1	导入广告素材文件	271
13.1.2	制作戒指广告背景	273
13.1.3	制作广告字幕特效	275
13.1.4	戒指广告的后期处理	278
13.2	**婚纱相册的制作**	**278**
13.2.1	制作婚纱相册片头效果	279
13.2.2	制作婚纱相册动态效果	281
13.2.3	制作婚纱相册片尾效果	285
13.2.4	编辑与输出视频后期	286
13.3	**儿童相册的制作**	**287**
13.3.1	制作儿童相册片头效果	288
13.3.2	制作儿童相册主体效果	291
13.3.3	制作儿童相册字幕效果	294
13.3.4	制作儿童相册片尾效果	297
13.3.5	编辑与输出视频后期	301

VII

第1章　Premiere Pro 2020快速上手

使用Premiere Pro 2020非线性影视编辑软件编辑视频文件和音频文件之前，首先需要了解与视频相关的基础，如了解视频编辑术语、了解特效功能、了解转场功能、认识菜单栏及了解启动和退出Premiere Pro 2020的方法等内容，从而为用户制作绚丽的影视作品奠定了良好的基础，通过对本章的学习，读者可以掌握视频编辑知识。

本章重点

- 认识 Premiere Pro 2020 工作界面
- Premiere Pro 2020 操作界面
- 项目文件的基本操作
- 素材文件的基本操作
- 素材文件的编辑操作

1.1 认识Premiere Pro 2020工作界面

在启动Premiere Pro 2020后，便可以看到Premiere Pro 2020简洁的工作界面。界面中主要包括标题栏、"监视器"面板及"历史记录"面板等。本节将对Premiere Pro 2020工作界面的一些常用内容进行介绍。

1.1.1 认识标题栏

标题栏位于Premiere Pro 2020软件窗口的最上方，其显示了系统当前正在运行的程序名及文件名等信息。Premiere Pro 2020默认的文件名称为"未命名"，单击标题栏右侧的按钮组 －　□　×，可以最小化、最大化或关闭Premiere Pro 2020窗口。

1.1.2 认识"监视器"面板的显示模式

启动Premiere Pro 2020软件并任意打开一个项目文件后，此时默认的"监视器"面板分为"素材源"和"节目监视器"两部分，如图1-1所示。

用户也可以将其设置为"浮动窗口"模式，如图1-2所示。

图1-1　默认显示模式

图1-2　"浮动窗口"模式

1.1.3 认识"监视器"面板中的工具

"监视器"面板可以分为以下两种。

● "源监视器"面板：在该面板中可以对项目进行剪辑和预览。
● "节目监视器"面板：在该面板中可以预览项目素材，如图1-3所示。

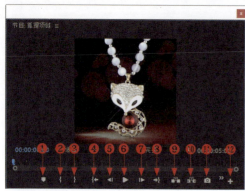

图1-3 "节目监视器"面板

在"节目监视器"面板中各个图标的含义如下。

❶ 添加标记：单击该按钮可以显示隐藏的标记。

❷ 标记入点：单击该按钮可以将时间轴标尺所在的位置标记为素材入点。

❸ 标记出点：单击该按钮可以将时间轴标尺所在的位置标记为素材出点。

❹ 转到入点：单击该按钮可以跳转到入点。

❺ 逐帧后退：单击该按钮一次即可将素材后退一帧。

❻ 播放-停止切换：单击该按钮可以播放所选的素材，再次单击该按钮，则会停止播放。

❼ 逐帧前进：单击该按钮一次即可将素材前进一帧。

❽ 转到出点：单击该按钮可以跳转到出点。

❾ 插入：单击该按钮可以将在播放窗口中标注的素材从"时间轴"面板中插入，其他素材的位置不变。

❿ 提升：单击该按钮可以将在播放窗口中标注的素材从"时间轴"面板中提出，其他素材的位置不变。

⓫ 提取：单击该按钮可以将在播放窗口中标注的素材从"时间轴"面板中提取，后面的素材位置自动向前对齐填补间隙。

⓬ 按钮编辑器：单击该按钮将弹出"按钮编辑器"面板，在该面板中可以重新布局"监视器"面板中的按钮。

 认识"历史记录"面板

在Premiere Pro 2020中，"历史记录"面板主要用于记录编辑操作时执行的每一个命令。

用户可以通过在"历史记录"面板中删除指定的命令来还原之前的编辑操作，如图1-4所示。当用户选择"历史记录"面板中的历史记录后，单击"历史记录"面板右下角的"删除重做操作"按钮，即可将当前历史记录删除。

图1-4 "历史记录"面板

 认识"信息"面板

"信息"面板用于显示所选素材及当前序列中素材的信息。"信息"面板中包括素材本身的帧速率、分辨率、素材长度和素材在序列中的位置等，如图1-5所示。Premiere Pro 2020中不同的素材类型，在"信息"面板中所显示的内容也会不一样。

1.1.6 认识菜单栏

与Adobe公司的其他产品一样，标题栏位于Premiere Pro 2020工作界面的最上方，菜单栏提供了8组菜单选项，位于标题栏的下方。Premiere Pro 2020的菜单栏由"文件""编辑""剪辑""序列""标记""图形""窗口"和"帮助"菜单组成。下面对各菜单的含义进行介绍。

图1-5 "信息"面板

"文件"菜单：主要用于对项目文件进行操作。在"文件"菜单中包含"新建""打开项目""关闭项目""保存""另存为""保存副本""捕捉""批量捕捉""导入""导出"及"退出"等命令，如图1-6所示。

"编辑"菜单：主要用于一些常规编辑操作。在"编辑"菜单中包含"撤销""重做""剪切""复制""粘贴""清除""波纹删除""全选""查找""标签""快捷键"及"首选项"等命令，如图1-7所示。

将会弹出相应的对话框。

"剪辑"菜单：用于实现对素材的具体操作，Premiere Pro 2020中剪辑影片的大多数命令都位于该菜单中，如"重命名""修改""视频选项""捕捉设置""覆盖"及"替换素材"等命令，如图1-8所示。

"序列"菜单：主要用于对项目中当前活动的序列进行编辑和处理。在"序列"菜单中包含"序列设置""渲染音频""提升""提取""放大""缩小""添加轨道"及"删除轨道"等命令，如图1-9所示。

图1-6 "文件"菜单　　图1-7 "编辑"菜单

图1-8 "剪辑"菜单　　图1-9 "序列"菜单

专家指点

当用户将鼠标指针移至菜单中带有三角形图标的命令时，该命令将会自动弹出子菜单；如果命令呈灰色显示，则表示该命令在当前状态下无法使用；单击带有省略号的命令，

"标记"菜单：用于对素材和场景序列的标记进行编辑处理。在"标记"菜单中包含"标记入点""标记出点""转到入点""转到出

点""添加标记"及"清除所选标记"等命令，如图1-10所示。

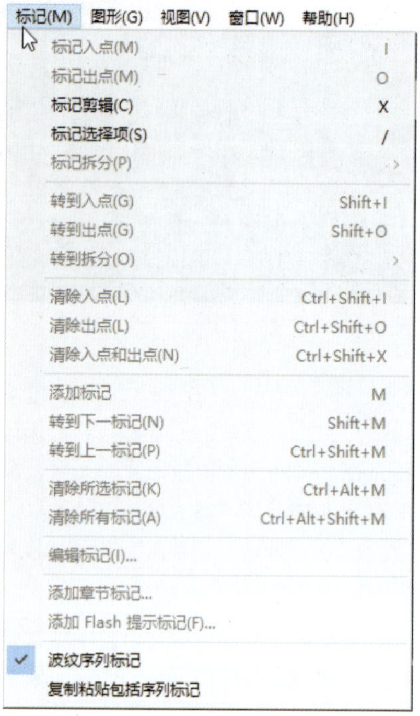

图1-10 "标记"菜单

"图形"菜单：主要用于实现图形制作过程中的各项编辑和调整操作。在"图形"菜单中包含"对齐""排列""升级为主图"及"导出为动态图形模板"等命令，如图1-11所示。

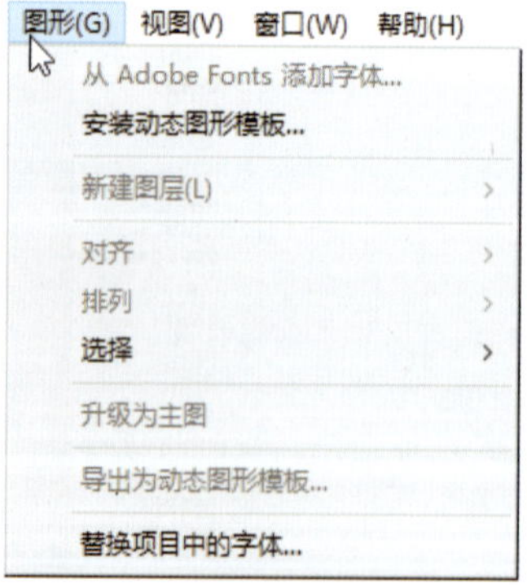

图1-11 "图形"菜单

"窗口"菜单：主要用于实现对各种编辑窗口和控制面板的管理操作。在"窗口"菜单中包含"工作区""扩展""事件""信息""字幕"及"进度"等命令，如图1-12所示。

图1-12 "窗口"菜单

"帮助"菜单：可以为用户提供在线帮助。在"帮助"菜单中包含"Premiere Pro帮助""Premiere Pro在线教程""键盘""登录"及"更新"等命令，如图1-13所示。

图1-13 "帮助"菜单

1.2 Premiere Pro 2020操作界面

除了菜单栏与标题栏，"项目"面板、"效果"面板、"时间轴"面板及工具箱等都是Premiere Pro 2020操作界面中十分重要的组成部分。

"项目"面板

Premiere Pro 2020的"项目"面板主要用于输入和存储供"时间轴"面板编辑合成的素材文件。"项目"面板由三部分构成，最上面的一部分为查找区；位于查找区下方的是素材目录栏；最下面的是工具栏，也就是菜单命令的快捷按钮，单击这些按钮可以方便地实现一些常用操作，如图1-14所示。在默认情况下，"项目"面板是不会显示素材预览区的，只有单击面板中的 ≡ 按钮，在弹出的列表中单击"预览区域"命令，如图1-15所示，才会显示素材预览区。

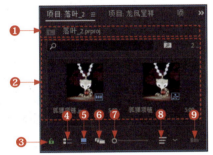

图1-14 "项目"面板

图1-15 单击"预览区域"命令

在"项目"面板中各个图标的含义如下。

❶ **查找区**：该选项区主要用于查找所需要的素材。

❷ **素材目录栏**：该选项区的主要作用是将导入的素材按目录的方式编排起来。

❸ **"项目可写"按钮**：单击该按钮可以将项目更改为只读模式，并将项目锁定不可编辑，同时按钮颜色会由绿色变为红色。

❹ **"列表视图"按钮**：单击该按钮可以将素材以列表形式显示，如图1-16所示。

图1-16 将素材以列表形式显示

❺ **"图标视图"按钮**：单击该按钮可以将素材以图标形式显示。

❻ **"自由变换视图"按钮**：单击该按钮可以将素材以自由变换显示。

❼ **"调整图标和缩览图的大小"滑块**：单击并左右拖动此滑块，可以调整素材目录栏中的图标和缩览图显示的大小。

❽ **"排序图标"按钮**：单击该按钮可以弹出"排序图标"列表框，选择相应的选项可以按一定顺序将素材进行排序，如图1-17所示。

❾ **"自动匹配序列"按钮**：单击该按钮可以将"项目"面板中所选的素材自动排列到"时间轴"面板的时间轴页面中。单击"自动匹配序列"按钮，将自动弹出"序列自动化"对话框。

图1-17 "排序图标"列表框

1.2.2 "效果"面板

在Premiere Pro 2020中,"效果"面板中包括"预设""视频效果""音频效果""视频过渡"和"音频过渡"选项。

在"效果"面板中,各种选项以效果类型分组的方式存放视频、音频的效果和转场。通过对素材应用视频效果,可以调整素材的色调、明度等效果,应用音频效果可以调整素材音频的音量和均衡等效果,如图1-18所示。在"效果"面板中,单击"视频过渡"前面的▶按钮,即可展开"视频过渡"效果列表,如图1-19所示。

图1-18 "效果"面板

图1-19 "视频过渡"效果列表

1.2.3 "效果控件"面板

"效果控件"面板主要用于控制对象的运动、透明度、切换效果及改变效果的参数等,如图1-20所示。设置视频效果的属性如图1-21所示。

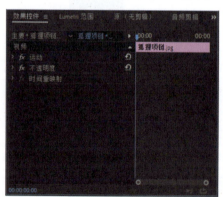

图1-20 "效果控件"面板

图1-21 设置视频效果的属性

专家指点

在"效果"面板中选择需要的视频效果,将其添加至视频素材上,然后选择视频素材进入"效果控件"面板,就可以为添加的效果设置属性了。如果用户在工作界面中没有找到"效果控件"面板,则可以单击"窗口"|"效果控件"命令,即可展开"效果控件"面板。

1.2.4 工具箱

工具箱位于"时间轴"面板的左侧，主要包括选择工具、向前选择轨道工具、波纹编辑工具、剃刀工具、外滑工具、钢笔工具、手形工具、文字工具，如图1-22所示，下面将介绍各工具的含义。

图1-22　工具箱

在工具箱中各工具的含义如下。

❶ **选择工具**：该工具主要用于选择素材、移动素材及调节素材关键帧。将该工具移至素材的边缘，光标将变成拉伸图标，可以拉伸素材并为素材设置入点和出点。

❷ **向前选择轨道工具**：该工具主要用于选择某一轨道上的所有素材，按住【Shift】键可以选择单独轨道。

❸ **波纹编辑工具**：该工具主要用于拖动素材的出点来改变所选素材的长度，而轨道上其他素材的长度不受影响。

❹ **剃刀工具**：该工具主要用于分割素材，将素材分割为两段，产生新的入点和出点。

❺ **外滑工具**：选择此工具时，可同时更改"时间轴"面板内某剪辑的入点和出点，并保持入点和出点之间的时间间隔不变。例如，如果将"时间轴"面板内的一个10秒剪辑修剪到了5秒，则可以使用外滑工具来确定将剪辑的哪个5秒部分显示在"时间轴"面板内。

❻ **钢笔工具**：该工具主要用于调整素材的关键帧。

❼ **手形工具**：该工具主要用于改变"时间轴"面板的可视区域，在编辑一些较长的素材时，使用该工具非常方便。

❽ **文字工具**：选择此工具可以为素材添加字幕文件。

> **专家指点**
>
> 工具箱主要使用选择工具对"时间轴"面板中的素材进行编辑、添加或删除，因此，在默认状态下工具箱将自动激活选择工具。

1.2.5 "时间轴"面板

"时间轴"面板是Premiere Pro 2020中进行视频、音频编辑的重要窗口之一，如图1-23所示，在该面板中可以轻松实现对素材的剪辑、插入、调整及添加关键帧等操作。

图1-23　"时间轴"面板

1.3 项目文件的基本操作

本节主要介绍创建项目文件、打开项目文件、保存和关闭项目文件等内容，以供读者掌握项目文件的基本操作。

创建项目文件

在启动Premiere Pro 2020后，用户首先需要创建一个新的工作项目。为此，Premiere Pro 2020提供了多种创建项目的方法。在"欢迎使用Adobe Premiere Pro"对话框中，可以执行相应的操作进行项目创建。

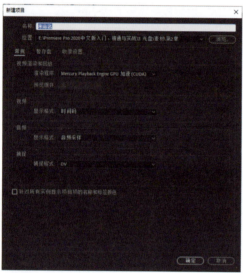

当用户启动Premiere Pro 2020后，系统将自动弹出欢迎界面，界面中有"新建项目""打开项目""新建团队项目""打开团队项目"等不同功能的按钮，此时用户可以单击"新建项目"按钮，弹出"新建项目"对话框，如图1-24所示，即可创建一个新的项目。

用户除了可以通过欢迎界面新建项目，也可以进入Premiere主界面中，通过"文件"菜单进行创建，具体操作方法如下。

STEP 01 单击"文件"|"新建"|"项目"命令，如图1-25所示。

STEP 02 弹出"新建项目"对话框，单击"浏览"按钮，如图1-26所示。

STEP 03 弹出"请选择新项目的目标路径"对话框，选择合适的文件夹，如图1-27所示。

图1-24 "新建项目"对话框

STEP 04 单击"选择文件夹"按钮，回到"新建项目"对话框，设置"名称"为"新建项目"，如图1-28所示。

图1-25 单击"项目"命令　　　　　　　　　　图1-26 单击"浏览"按钮

第1章　Premiere Pro 2020快速上手

图1-27　选择合适的文件夹

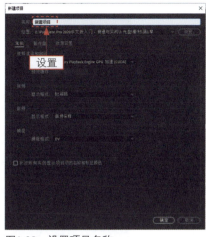

图1-28　设置项目名称

STEP 05　单击"确定"按钮，单击"文件"|"新建"|"序列"命令，弹出"新建序列"对话框，单击"确定"按钮，如图1-29所示，即可使用"文件"菜单创建项目文件。

图1-29　"新建序列"对话框

　专家指点

除了上述两种创建新项目的方法，用户还可以使用【Ctrl + Alt + N】组合键，实现快速创建一个项目文件。

　**打开项目文件**

　　当用户启动Premiere Pro 2020后，可以选择打开一个项目文件的方式进入系统程序。在欢迎界面中除了可以创建项目文件，还可以打开项目文件。当用户启动Premiere Pro 2020后，系统将自动弹出欢迎界面。此时，用户可以单击"打开项目"按钮，如图1-30所示，即可弹出"打开项目"对话框，选择需要打开的编辑项目，单击"打开"按钮即可打开项目文件。在Premiere Pro 2020中，用户可以根据需要打开保存的项目文件。

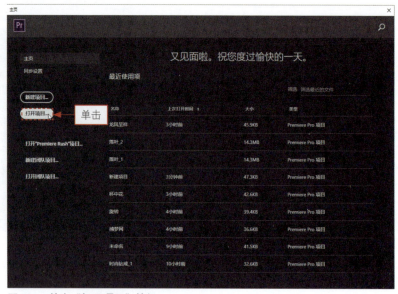

图1-30 单击"打开项目"按钮

下面介绍使用"文件"菜单打开项目的操作方法。

STEP 01 单击"文件"|"打开项目"命令,如图1-31所示。

STEP 02 弹出"打开项目"对话框,选择项目文件"素材\第1章\项目2.prproj",如图1-32所示。

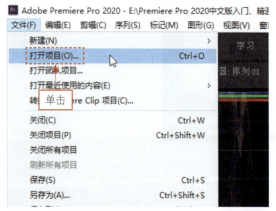

图1-31 单击"打开项目"命令

图1-32 选择项目文件

图1-33 打开项目文件

STEP 03 单击"打开"按钮,打开项目文件,如图1-33所示。

启动软件后,用户可以在欢迎界面中单击"名称"选项区下方的列表来打开上次编辑的项目,如图1-34所示;另外,用户还可以进入Premiere Pro 2020操作界面,通过单击菜单栏中的"文件"|"打开最近使用的内容"命令,如图1-35所示,在弹出的子菜单中单击需要打开的项目。

图1-34 最近使用项目

图1-35 单击"打开最近使用的内容"命令

1.3.3 保存项目文件

为了确保用户所编辑的项目文件不会丢失,当用户编辑完当前项目文件后,可以将项目文件进行保存,以便下次进行修改操作。

STEP 01 按【Ctrl+O】组合键,打开项目文件"素材\第1章\特色清吧.prproj",如图1-36所示。

STEP 02 在"时间轴"面板中调整素材的长度,其持续时间为00:00:03:00,如图1-37所示。

图1-36 打开项目文件

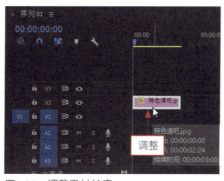

图1-37 调整素材长度

STEP 03 单击"文件"|"保存"命令,如图1-38所示。

STEP 04 弹出"保存项目"对话框,显示保存进度,即可保存项目,如图1-39所示。

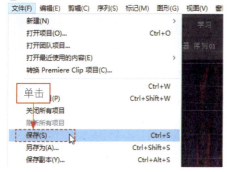

图1-38 单击"保存"命令

图1-39 显示保存进度

使用快捷键保存项目是一种快捷的保存方法，用户可以按【Ctrl + S】组合键来弹出"保存项目"对话框。如果用户已经保存过一次文件，则再次保存文件时将不会弹出"保存项目"对话框。

用户也可以按【Ctrl + Alt + S】组合键，在弹出的"保存项目"对话框中将项目作为副本保存，如图1-40所示。

图1-40 "保存项目"对话框

当用户完成所有编辑操作并将文件进行保存后，可以将当前项目关闭。下面介绍关闭项目的三种方法。

🔵 如果用户需要关闭项目，则可以单击"文件"|"关闭"命令，如图1-41所示。

🔵 单击"文件"|"关闭项目"命令，如图1-42所示。

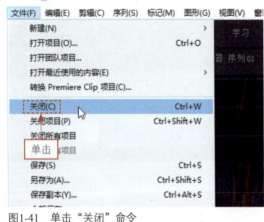

图1-41 单击"关闭"命令　　　　　　图1-42 单击"关闭项目"命令

🔵 按【Ctrl + W】组合键，或者按【Ctrl + Alt + W】组合键，执行关闭项目的操作。

1.4 素材文件的基本操作

在Premiere Pro 2020 中，除了掌握项目文件的创建、打开、保存和关闭操作，用户还可以在项目文件中进行素材文件的相关基本操作。

1.4.1 导入素材文件

导入素材是Premiere编辑的首要前提，通常所指的素材包括视频文件、音频文件、图像文件等。

第1章 Premiere Pro 2020快速上手

STEP 01 按【Ctrl + Alt + N】组合键，弹出"新建项目"对话框，单击"确定"按钮，如图1-43所示，即可创建一个项目文件，按【Ctrl + N】组合键新建序列。

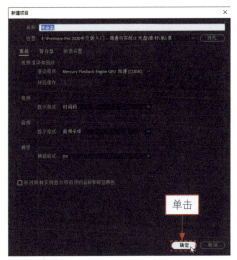

图1-43 创建项目文件

STEP 02 单击"文件"|"导入"命令，如图1-44所示。

图1-44 单击"导入"命令

STEP 03 弹出"导入"对话框，在对话框中❶选择相应的项目文件"素材\第1章\盆栽.JPG"；❷单击"打开"按钮，如图1-45所示。

STEP 04 执行上述操作后，即可在"项目"面板中查看导入的图像素材文件缩略图，如图1-46所示。

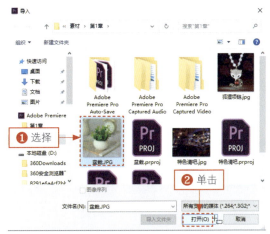

图1-45 单击"打开"按钮

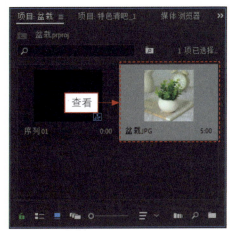

图1-46 查看素材文件

STEP 05 将图像素材拖曳至"时间轴"面板中，并预览图像效果，如图1-47所示。

图1-47 预览图像效果

13

专家指点

当用户使用的素材数量较多时,除了使用"项目"面板来对素材进行管理,还可以将素材进行统一规划,并将其归纳到同一文件夹内。

打包项目素材的具体方法如下。

单击"文件"|"项目管理"命令,如图1-48所示,在弹出的"项目管理器"对话框中选择需要保留的序列;在"生成项目"选项区内设置项目文件归档方式,单击"确定"按钮,如图1-49所示。

图1-48　单击"项目管理"命令

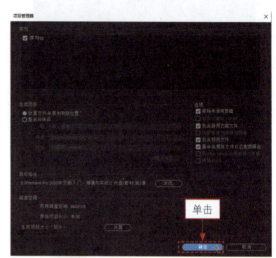

图1-49　单击"确定"按钮

1.4.2 播放项目文件

在Premiere Pro 2020中,导入素材文件后,用户可以根据需要播放导入的素材。

STEP 01 按【Ctrl + O】组合键,打开项目文件"素材\第1章\项目3.prproj",如图1-50所示。

图1-50　打开项目文件

STEP 02 在"节目监视器"面板中单击"播放-停止切换"按钮,如图1-51所示。

STEP 03 执行上述操作后,即可播放导入的素材,在"节目监视器"面板中可预览图像素材效果,如图1-52所示。

图1-51 单击"播放-停止切换"按钮　　　　图1-52 预览图像素材效果

 编组素材文件

当用户在Premiere Pro 2020中添加两个或两个以上的素材文件时,可能会同时对多个素材进行整体编辑操作。

STEP 01 按【Ctrl+O】组合键,打开项目文件"素材\第1章\花与船.prproj",选择两个素材,如图1-53所示。

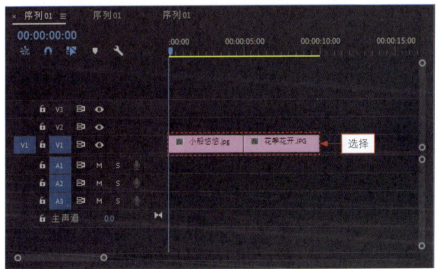

图1-53 选择两个素材

STEP 02 在"时间轴"面板的素材上单击鼠标右键,在弹出的快捷菜单中选择"编组"命令,如图1-54所示。执行上述操作后,即可编组素材文件。

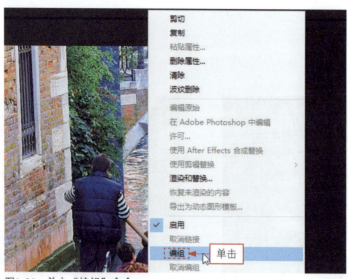

图1-54 单击"编组"命令

 嵌套素材文件

Premiere Pro 2020中的嵌套功能是将一个时间线嵌套至另一个时间线中,作为一整段素材使用,并且在很大程度上提高了工作效率,具体操作方法如下。

STEP 01 按【Ctrl+O】组合键,打开项目文件"素材\第1章\项目5.prproj",选择两个素材,如图1-55所示。

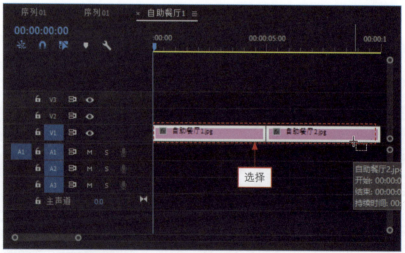

图1-55 选择两个素材

STEP 02 在"时间轴"面板的素材上单击鼠标右键,在弹出的快捷菜单中选择"嵌套"命令,如图1-56所示。

STEP 03 执行上述操作后,即可嵌套素材文件,在"项目"面板中将新增一个"嵌套序列01"的文件,如图1-57所示。

第1章　Premiere Pro 2020快速上手

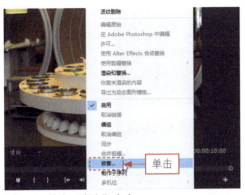

图1-56　单击"嵌套"命令

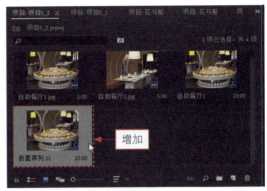

图1-57　增加"嵌套序列01"文件

 专家指点

当用户为一个嵌套的序列应用特效时，Premiere Pro 2020自动将特效应用于嵌套序列内的所有素材中，这样可以将复杂的操作简单化。

1.5 素材文件的编辑操作

Premiere Pro 2020为用户提供了各种实用的工具，并将其集中在工具栏中。用户只有熟练地掌握各种工具的操作方法，才能够更加熟练地掌握Premiere Pro 2020的编辑技巧。

 案例——运用选择工具选择素材

选择工具作为Premiere Pro 2020使用十分频繁的工具之一，其主要功能是选择一个或多个片段。如果用户需要选择单个片段，则单击即可，如图1-58所示。

如果用户需要选择多个片段，则可以单击并拖曳，框选需要选择的多个片段，如图1-59所示。

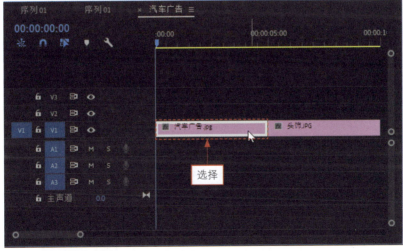

图1-58　选择单个素材

17

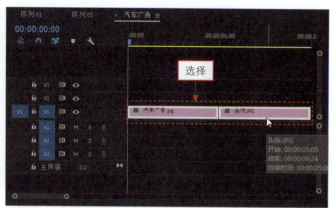

图1-59　选择多个素材

1.5.2 案例——运用剃刀工具剪切素材

剃刀工具可将一段选中的素材文件进行剪切，将其分成两段或几段独立的素材片段。

STEP 01 按【Ctrl+O】组合键，打开项目文件"素材\第1章\项目7.prproj"，如图1-60所示。

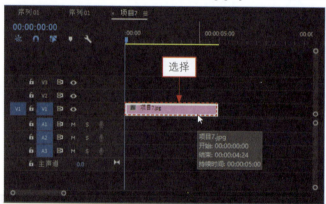

图1-60　打开项目文件

STEP 02 选取剃刀工具 ，在"时间轴"面板的素材上依次单击即可剪切素材，如图1-61所示。

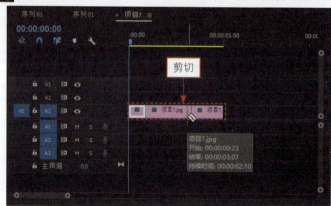

图1-61　剪切素材效果

第1章　Premiere Pro 2020快速上手

1.5.3 案例——运用外滑工具移动素材

外滑工具用于移动"时间轴"面板中素材的位置,该工具会影响相邻素材片段的出入点和长度。使用外滑工具时,可以同时更改"时间轴"内某剪辑的入点和出点,并保持入点和出点之间的时间间隔不变。

STEP 01 按【Ctrl+O】组合键,打开项目文件"素材\第1章\项目8.prproj",如图1-62所示。

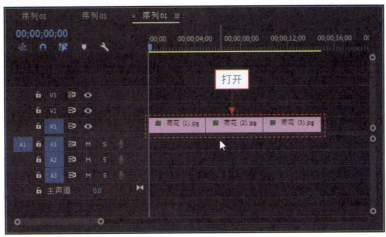

图1-62　打开项目文件

STEP 02 选取外滑工具，如图1-63所示。

STEP 03 在V1轨道上的"荷花（1）.jpg"素材对象上单击并拖曳,在"节目监视器"面板中即可显示更改素材入点和出点的效果,如图1-64所示。

图1-63　选取外滑工具

图1-64　显示更改素材入点和出点的效果

1.5.4 案例——运用波纹编辑工具改变素材长度

使用波纹编辑工具拖曳素材的出点可以改变所选素材的长度,而轨道上其他素材的长度不受影响。

STEP 01 按【Ctrl+O】组合键,打开项目文件"素材\第1章\项目9.prproj",选取工具箱中的波纹编辑工具，如图1-65所示。

19

STEP 02 选择素材并向右拖曳至合适位置，即可改变素材长度，如图1-66所示。

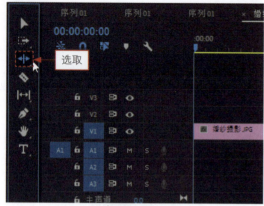

图1-65 选取波纹编辑工具

图1-66 改变素材长度

第2章　添加与调整素材文件

Premiere Pro 2020是一款适应性很强的视频编辑软件，其专业性强，操作简便，可以对视频、图像及音频等多种素材进行处理和加工，从而得到令人满意的影视文件。本章将从添加与调整视频素材的操作方法与技巧讲起，包括添加视频素材、复制粘贴影视视频、设置素材出入点、调整播放时间及剪辑影视素材等内容，逐渐提升用户对Premiere Pro 2020的熟练度。

本章重点

- 影视素材的添加
- 影视素材的编辑
- 调整影视素材
- 剪辑影视素材

2.1　影视素材的添加

制作视频影片的首要操作就是添加素材，本节主要介绍在Premiere Pro 2020中添加影视素材的方法，包括添加视频素材、音频素材、静态图像及图层图像等。

2.1.1 案例——添加视频素材

添加视频素材是一个将源素材导入素材库并将素材库的原素材添加到"时间轴"面板中的视频轨道上的过程，下面通过"导入"命令介绍添加视频素材的方法。

STEP 01 在Premiere Pro 2020界面中，打开项目文件"素材\第2章\长沙机场.prproj"，单击"文件"|"导入"命令，如图2-1所示。

图2-1　单击"文件"|"导入"命令

STEP 02 弹出"导入"对话框，选择"长沙机场"视频素材，如图2-2所示。

图2-2 选择视频素材

STEP 03 单击"打开"按钮,将视频素材导入"项目"面板中,如图2-3所示。

图2-3 导入视频素材

STEP 04 在"项目"面板中选择视频文件,将其拖曳至"时间轴"面板的V1轨道中,如图2-4所示。

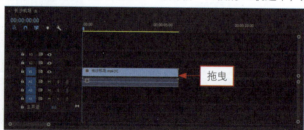

图2-4 拖曳至"时间轴"面板

STEP 05 执行上述操作后,即可添加视频素材。

2.1.2 案例——添加音频素材

为了使影片更加完善,用户可以根据需要为影片添加音频素材,下面将介绍添加音频素材的操作方法。

STEP 01 按【Ctrl+O】组合键,打开项目文件"素材\第2章\音乐.prproj",单击"文件"|"导入"命令,弹出"导入"对话框,选择需要添加的音频素材,如图2-5所示。

第2章 添加与调整素材文件

STEP 02 单击"打开"按钮,将音频素材导入"项目"面板中,选择音频文件,将其拖曳至"时间轴"面板中的A1轨道中,即可添加音频素材,如图2-6所示。

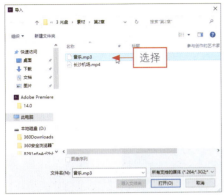

图2-5 选择需要添加的音频素材

图2-6 添加音频文件

2.1.3 案例——添加静态图像素材

为了使影片内容更加丰富多彩,在进行影片编辑的过程中,用户可以根据需要添加各种静态的图像素材,下面介绍添加静态图像素材的操作方法。

STEP 01 按【Ctrl+O】组合键,打开项目文件"素材\第2章\水中老虎.prproj",单击"文件"|"导入"命令,弹出"导入"对话框,选择需要添加的静态图像,单击"打开"按钮,导入一幅静态图像,如图2-7所示。

STEP 02 在"项目"面板中选择图像素材文件,将其拖曳至"时间轴"面板的V1轨道中,即可添加静态图像,如图2-8所示。

图2-7 选择需要添加的静态图像

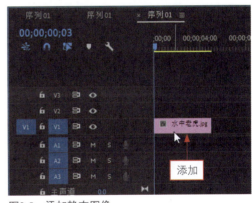

图2-8 添加静态图像

▶ 专家指点

在Premiere Pro 2020中,除了运用上述方法导入素材,还可以双击"项目"面板空白位置,快速弹出"导入"对话框。

2.1.4 案例——添加图层图像素材

在Premiere Pro 2020中,不仅可以导入视频、音频及静态图像素材,还可以导入图层图像素材,下面

23

介绍添加图层图像素材的操作方法。

STEP 01 按【Ctrl+O】组合键，打开项目文件"素材\第2章\藤枝5枝.prproj"，在弹出的"打开项目"对话框中选择需要添加的图像，如图2-9所示，单击"打开"按钮。

STEP 02 弹出"导入分层文件：藤枝5枝"对话框，单击"确定"按钮，如图2-10所示，将所选择的PSD图像导入"项目"面板中。

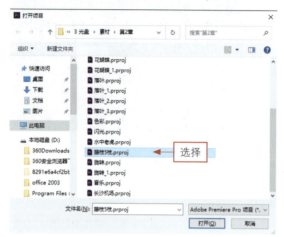

图2-9 选择需要添加的素材图像

图2-10 单击"确定"按钮

STEP 03 选择导入的PSD图像，并将其拖曳至"时间轴"面板的V1轨道中，即可添加图层图像，如图2-11所示。

STEP 04 执行上述操作后，在"节目监视器"面板中可以预览添加的图层图像效果，如图2-12所示。

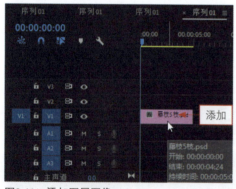

图2-11 添加图层图像

图2-12 预览图层图像效果

2.2 影视素材的编辑

对影片素材进行编辑是整个影片编辑过程中的一个重要环节，同样也是Premiere Pro 2020大功能体现。本节将详细介绍编辑影视素材的操作方法。

2.2.1 案例——复制粘贴影视视频

复制指将文件从一处复制一份完全一样的到另一处，而原来的一份依然保留。复制影视视频的具体

方法是：在"时间轴"面板中选择需要复制的影视视频文件，单击"编辑"|"复制"命令即可复制影视视频文件。

粘贴素材可以为用户节约许多不必要的重复操作，让用户提高工作效率，下面介绍通过快捷键复制粘贴视频素材。

STEP 01 按【Ctrl+O】组合键，打开项目文件"素材\第2章\花蝴蝶.prproj"，在V1轨道上选择视频文件，如图2-13所示。

STEP 02 切换时间至00:00:02:20的位置，单击"编辑"|"复制"命令，如图2-14所示。

图2-13　选择视频文件　　　　　　　　　　图2-14　单击"复制"命令

STEP 03 执行上述操作后，即可复制文件，按【Ctrl+V】组合键，即可将复制的素材粘贴至V1轨道中的时间指示器的位置，如图2-15所示。

STEP 04 将时间指示器移至视频的开始位置，单击"播放-停止切换"按钮，即可预览素材效果，如图2-16所示。

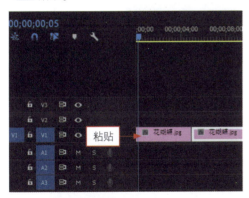

图2-15　粘贴素材文件　　　　　　　　　　图2-16　预览素材效果

2.2.2　案例——分离影视视频

为了使影视获得更好的音乐效果，许多影视都会在后期重新配音，这时需要用到分离影视视频的操作。

STEP 01 按【Ctrl+O】组合键，打开项目文件"素材\第2章\黑暗骑士.prproj"，如图2-17所示。

STEP 02 选择V1轨道上的视频文件，单击"剪辑"|"取消链接"命令，如图2-18所示。

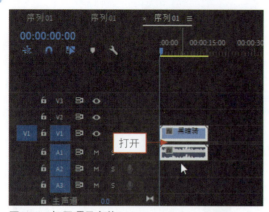

图2-17　打开项目文件

图2-18　单击"取消链接"命令

STEP 03 为了将视频与音频分离，选择V1轨道上的视频素材单击并拖曳，即可单独移动视频素材，如图2-19所示。

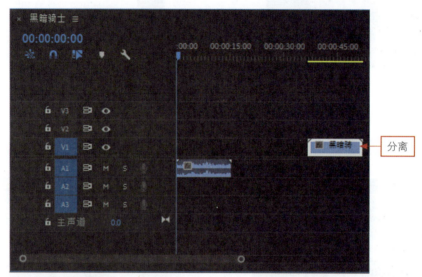

图2-19　移动视频素材

STEP 04 在"节目监视器"面板上单击"播放-停止切换"按钮，预览视频效果，如图2-20所示。

图2-20　分离影片的效果

2.2.3 案例——组合影视视频

在对视频文件和音频文件重新编辑后,可以将其进行组合操作,下面介绍通过"剪辑"|"链接"命令组合影视视频文件的操作方法。

STEP 01 按【Ctrl+O】组合键,打开项目文件"素材\第2章\护肤品广告.prproj",如图2-21所示。

STEP 02 在"时间轴"面板中选择所有素材,如图2-22所示。

图2-21 打开项目文件　　　　　　　　　图2-22 选择所有素材

STEP 03 单击"剪辑"|"链接"命令,如图2-23所示。

STEP 04 执行上述操作后,即可组合影视视频,如图2-24所示。

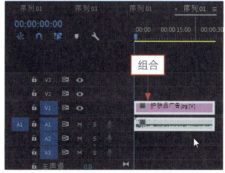

图2-23 单击"链接"命令　　　　　　　　图2-24 组合影视视频

2.2.4 案例——删除影视视频

在进行影视视频编辑的过程中,用户可能需要删除一些不需要的影视视频,下面介绍通过"编辑"|"清除"命令删除影视视频。

STEP 01 按【Ctrl+O】组合键,打开项目文件"素材\第2章\闪光.prproj",如图2-25所示。

STEP 02 在"时间轴"面板中选择中间的"闪光"素材,单击"编辑"|"清除"命令,如图2-26所示。

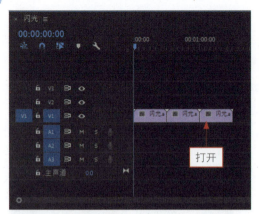

图2-25 打开项目文件

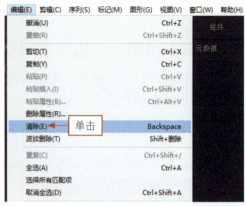

图2-26 单击"清除"命令

STEP 03 执行上述操作后，即可删除目标素材，在V1轨道上选择左侧的"闪光"素材，如图2-27所示。

STEP 04 在素材上单击鼠标右键，在弹出的快捷菜单中选择"波纹删除"命令，如图2-28所示。

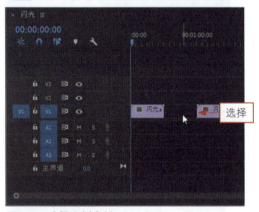

图2-27 选择左侧素材

图2-28 选择"波纹删除"命令

STEP 05 执行上述操作后，即可在V1轨道上删除"闪光"素材，此时，第3段素材将会移动到第2段素材的位置，如图2-29所示。

STEP 06 在"节目监视器"面板上单击"播放-停止切换"按钮，预览视频效果，如图2-30所示。

图2-29 删除"闪光"素材

图2-30 预览视频效果

专家指点

在 Premiere Pro 2020 中，除了上述方法可以删除素材对象，用户还可以在选择素材对象后，使用以下快捷键进行删除操作。

- 按【Delete】键，快速删除选择的素材对象。
- 按【Backspace】键，快速删除选择的素材对象。
- 按【Shift + Delete】组合键，快速对素材进行波纹删除操作。
- 按【Shift + Backspace】组合键，快速对素材进行波纹删除操作。

2.2.5 案例——设置素材入点

在Premiere Pro 2020中，设置素材的入点可以标识素材起始点时间的可用部分，下面通过"标记入点"按钮来设置素材入点。

STEP 01 按【Ctrl + O】组合键，打开项目文件"素材\第2章\色彩.prproj"，在"节目监视器"面板中拖曳"当前时间指示器"至合适位置，如图2-31所示。

STEP 02 单击"标记入点"按钮，如图2-32所示，执行上述操作后，即可设置素材入点。

图2-31 拖曳"当前时间指示器"　　　　图2-32 单击"标记入点"按钮

2.2.6 案例——设置素材出点

在Premiere Pro 2020中，设置素材的出点可以标识素材结束点时间的可用部分，下面通过"标记出点"命令来设置素材出点。

STEP 01 以设置素材入点为例，在"节目监视器"面板中拖曳"当前时间指示器"至合适位置，如图2-33所示。

STEP 02 单击"标记出点"按钮，如图2-34所示，执行上述操作后，即可设置素材出点。

图2-33 拖曳"当前时间指示器"

图2-34 单击"标记出点"按钮

2.3 调整影视素材

在编辑影视素材时,有时需要调整项目尺寸来放大显示素材,有时需要调整播放时间或播放速度,这些操作可以在Premiere Pro 2020中实现。

2.3.1 调整素材显示方式

在编辑影视素材时,由于素材的尺寸长短不一,常常需要通过时间标尺栏上的控制条来调整项目尺寸的长短。

STEP 01 在Premiere Pro 2020欢迎界面中单击"新建项目"按钮,弹出"新建项目"对话框,设置"名称"为"捕梦网",单击"确定"按钮即可新建一个项目文件,如图2-35所示。

STEP 02 按【Ctrl+N】组合键弹出"新建序列"对话框,单击"确定"按钮即可新建一个名称为"序列01"的序列,如图2-36所示。

图2-35 新建项目文件

图2-36 新建序列

STEP 03 单击"文件"|"导入"命令,弹出"导入"对话框,选择文件"素材\第2章\捕梦网.jpg",如图2-37所示。

STEP 04 单击"打开"按钮,导入素材文件,如图2-38所示。

第2章 添加与调整素材文件

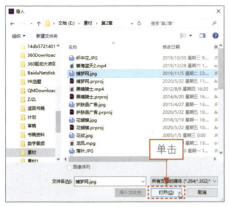

图2-37 "导入"对话框

图2-38 打开素材

STEP 05 选择"项目"面板中的素材文件,并将其拖曳至"时间轴"面板的V1轨道中,如图2-39所示。

STEP 06 选择素材文件单击并向右拖曳,即可加长项目文件的尺寸,如图2-40所示。

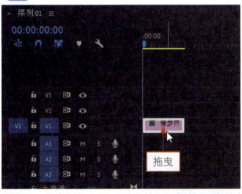

图2-39 将素材拖曳至"时间轴"面板的V1轨道中

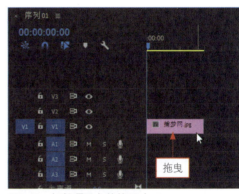

图2-40 加长项目文件的尺寸

STEP 07 执行上述操作后,在控制条上双击即可将控制条调整至与素材相同的长度,如图2-41所示。

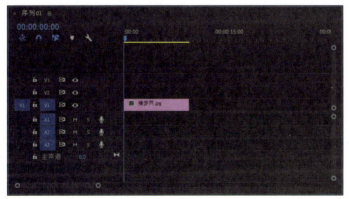

图2-41 调整控制条的尺寸

专家指点

在"时间轴"面板的左上角"序列01"名称上单击鼠标右键,在弹出的快捷菜单中选择"工作区域栏"命令,在"标尺栏"下方即可出现一个控制条。

调整播放时间

在编辑影视素材的过程中，很多时候需要对视频素材本身的播放时间进行调整。

调整播放时间的具体方法是：选取"选择工具"，选择视频轨道上的素材，并将鼠标拖曳至素材的右端的结束点，当鼠标呈红色双向箭头形状时，单击并拖曳即可调整素材的播放时间，如图2-42所示。

 调整播放速度

每一种素材都具有特定的播放速度，对于视频素材，可以通过调整视频素材的播放速度来制作快镜头或慢镜头

图2-42　调整素材的播放时间

效果，下面介绍通过"速度/持续时间"功能调整播放速度的操作方法。

STEP 01 在Premiere Pro 2020欢迎界面中，单击"新建项目"按钮，弹出"新建项目"对话框，设置"名称"为"旋转"，单击"确定"按钮，即可新建项目文件，如图2-43所示。

STEP 02 按【Ctrl + N】组合键弹出"新建序列"对话框，新建一个名称为"序列01"的序列，单击"确定"按钮即可创建序列，如图2-44所示。

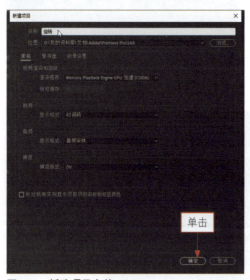

图2-43　新建项目文件

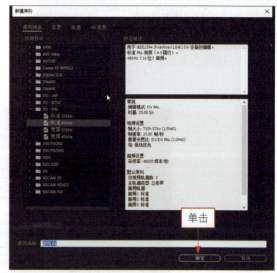

图2-44　新建序列

STEP 03 按【Ctrl + I】组合键，弹出"导入"对话框，打开项目文件"素材\第2章\旋转.wmv"，如图2-45所示。

STEP 04 单击"打开"按钮，导入素材文件，如图2-46所示。

STEP 05 选择"项目"面板中的素材文件，并将其拖曳至"时间轴"面板的V1轨道中，如图2-47所示。

第2章 添加与调整素材文件

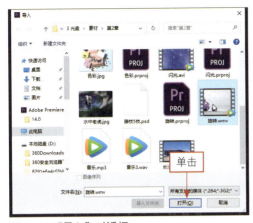

图 2-45 "导入"对话框

图 2-46 打开素材

STEP 06 选择V1轨道上的素材，单击鼠标右键，在弹出的快捷菜单中选择"速度/持续时间"命令，如图 2-48 所示。

图 2-47 将素材拖到"时间轴"面板

图 2-48 选择"速度/持续时间"命令

STEP 07 弹出"剪辑速度/持续时间"对话框，设置"速度"为220%，如图2-49所示。

STEP 08 设置完成后，单击"确定"按钮，即可在"节目监视器"面板中查看调整播放速度后的效果，如图 2-50所示。

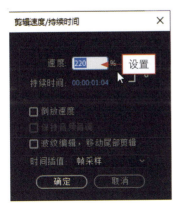

图 2-49 设置参数值

图 2-50 查看调整播放速度后的效果

33

> **专家指点**

在"剪辑速度/持续时间"对话框中,可以设置"速度"值来控制剪辑的播放时间。当"速度"值设置在100%以上时,值越大则速度越快,播放时间就越短;当"速度"值设置在100%以下时,值越大则速度越慢,播放时间就越长。

2.3.4 调整播放位置

如果对添加到视频轨道上的素材位置不满意,可以根据需要对其进行调整,并且可以将素材调整到不同的轨道位置。

STEP 01 在Premiere Pro 2020欢迎界面中,单击"新建项目"按钮,弹出"新建项目"对话框,设置"名称"为"杯中花",单击"确定"按钮即可新建一个项目文件,如图2-51所示。

STEP 02 按【Ctrl+N】组合键弹出"新建序列"对话框,单击"确定"按钮即可新建一个名称为"序列01"的序列,如图2-52所示。

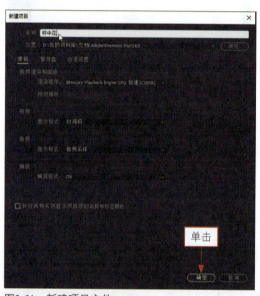

图2-51 新建项目文件

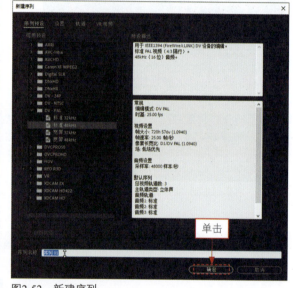

图2-52 新建序列

STEP 03 按【Ctrl+I】组合键,弹出"导入"对话框,打开项目文件"素材\第2章\杯中花.jpg",如图2-53所示。

STEP 04 单击"打开"按钮,导入素材文件,如图2-54所示。

STEP 05 选取工具箱中的"选择工具",选择导入素材文件,单击并拖曳至"时间轴"面板中,调整素材的位置,如图2-55所示。

STEP 06 执行上述操作后,选择V1轨道中的素材文件,并将其拖曳至V2轨道中,如图2-56所示,在"节目监视器"面板中即可播放素材文件。

图2-53 "导入"对话框

图2-54 打开素材

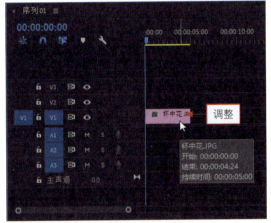

图2-55 调整素材的位置

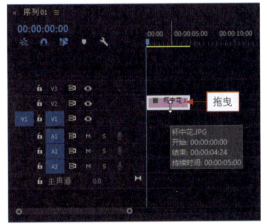

图2-56 将素材拖曳至其他轨道

2.4 剪辑影视素材

剪辑就是通过为素材设置出点和入点,从而截取其中较好的影视片段,然后将截取的影视片段与新的素材片段组合。

"三点剪辑技术"和"四点剪辑技术"是专业视频影视编辑工作中经常用到的编辑方法。本节主要介绍在Premiere Pro 2020中剪辑影视素材的方法。

2.4.1 三点剪辑技术

三点剪辑技术用于将素材中的部分内容替换影片剪辑中的部分内容。

在进行剪辑操作时,需要三个重要的点,下面将分别对其进行介绍。

- 素材的入点:是指素材在影片剪辑内部首先出现的帧。
- 剪辑的入点:是指剪辑内被替换部分在当前序列上的第一帧。
- 剪辑的出点:是指剪辑内被替换部分在当前序列上的最后一帧。

三点剪辑技术是Premiere Pro 2020中最常用的剪辑技术之一，下面介绍运用三点剪辑技术的操作方法。

STEP 01 在Premiere Pro 2020欢迎界面中，单击"新建项目"按钮，弹出"新建项目"对话框，设置"名称"为"龙凤呈祥"，如图2-57所示，单击"确定"按钮即可新建一个项目文件。

STEP 02 按【Ctrl＋N】组合键弹出"新建序列"对话框，单击"确定"按钮即可新建一个"序列01"序列，如图2-58所示。

STEP 03 按【Ctrl＋I】组合键，弹出"导入"对话框，打开项目文件"素材\第2章\龙凤.mpg"，如图2-59所示。

STEP 04 单击"打开"按钮，导入素材文件，如图2-60所示。

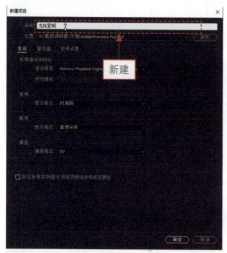

图2-57　新建项目文件

图2-58　新建序列

图2-59　"导入"对话框

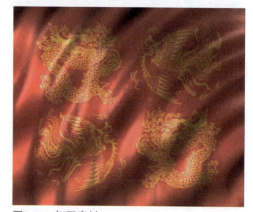

图2-60　打开素材

STEP 05 选择"项目"面板中的视频素材文件，并将其拖曳至"时间轴"面板的V1轨道中，如图2-61所示。

STEP 06 设置时间为00:00:02:02，单击"标记入点"按钮，添加标记，如图2-62所示。

第2章　添加与调整素材文件

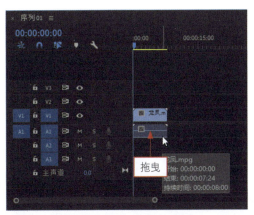

图2-61　将素材拖曳至"时间轴"面板

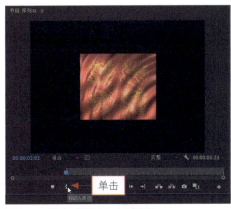

图2-62　单击"标记入点"按钮

STEP 07 在"节目监视器"面板中设置时间为00:00:04:00，并单击"标记出点"按钮，如图2-63所示。

STEP 08 在"项目"面板中双击视频，在"源监视器"面板中设置时间为00:00:01:12，并单击"标记入点"按钮，如图2-64所示。

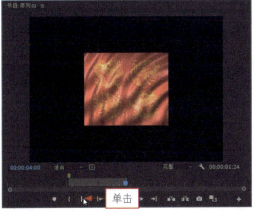

图2-63　单击"标记出点"按钮

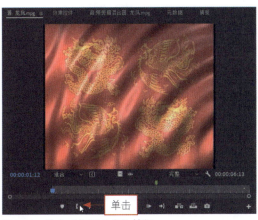

图2-64　单击"标记入点"按钮

STEP 09 执行上述操作后，单击"源监视器"面板中的"覆盖"按钮，即可将当前序列的00:00:02:02～00:00:04:00时间段的内容替换为从00:00:01:12为起始点至对应时间段的素材内容，如图2-65所示。

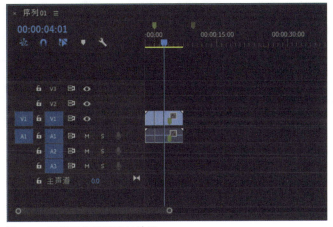

图2-65　运用三点剪辑素材效果

37

2.4.2 四点剪辑技术

四点剪辑技术比三点剪辑技术多一个点,即需要设置源素材的出点。四点剪辑技术同样需要运用设置入点和出点的操作,下面介绍具体操作步骤。

STEP 01 在Premiere Pro 2020界面中,按【Ctrl+O】组合键,打开项目文件"素材\第2章\落叶.prproj",如图2-66所示。

STEP 02 选择"项目"面板中的视频素材文件,并将其拖曳至"时间轴"面板的V1轨道中,如图2-67所示。

图2-66 打开项目文件　　　　　　　　图2-67 将素材拖曳至视频轨道

STEP 03 在"节目监视器"面板中设置时间为00:00:02:20,并单击"标记入点"按钮,如图2-68所示。

STEP 04 在"节目监视器"面板中设置时间为00:00:14:00,并单击"标记出点"按钮,如图2-69所示。

图2-68 单击"标记入点"按钮　　　　图2-69 单击"标记出点"按钮

专家指点

在Premiere Pro 2020中编辑某个视频作品时,只需要使用中间部分或者视频的开始部分、结尾部分,就可以通过四点剪辑技术实现操作。

第2章　添加与调整素材文件

STEP 05 在"项目"面板中双击视频素材,在"源监视器"面板中设置时间为00:00:07:00,并单击"标记入点"按钮,如图2-70所示。

STEP 06 在"源监视器"面板中设置时间为00:00:28:00,并单击"标记出点"按钮,如图2-71所示。

STEP 07 在"源监视器"面板中单击"覆盖"按钮,即可完成四点剪辑素材的操作,如图2-72所示。

图2-70　单击"标记入点"按钮

图2-71　单击"标记出点"按钮

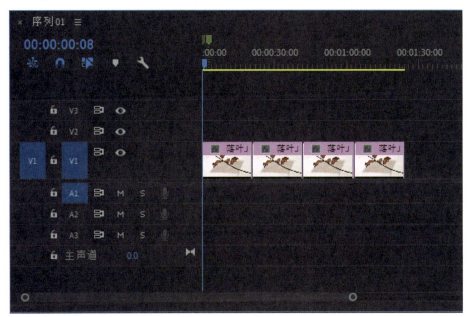
图2-72　运用四点剪辑素材效果

STEP 08 单击"播放-停止切换"按钮,预览视频效果,如图2-73所示。

图2-73 预览视频效果

第3章　色彩色调的调整技巧

色彩色调的调整在影视视频的编辑中是必不可少的元素，合理的色彩搭配加上靓丽的色彩总能为视频增添几分亮点。本章主要内容包括调整图像的色彩知识、色彩的校正、色彩的调整等。本章将详细介绍影视素材色彩色调的调整技巧。

本章重点

- 了解色彩基础
- 色彩的校正
- 图像色彩的调整

3.1 了解色彩基础

色彩是影视视频编辑中的基础，很多时候为了让视频画面看起来更加饱满，大家通常会通过调整颜色的色调让画面更加丰富多彩。因此，用户在学习调整视频素材的色彩之前，必须对色彩的基础知识有一个基本的了解。

3.1.1 色彩的概念

色彩是由于光线刺激人的眼睛而产生的一种视觉效应，因此光线是影响色彩明亮度和鲜艳度的一个重要因素。

从物理角度来讲，可见光是电磁波的一部分，其波长大致为400～700nm，位于该范围内的光线被称为可视光线。自然的光线可以分为红、橙、黄、绿、青、蓝和紫7种不同的色彩，如图3-1所示。

图3-1　颜色的划分

专家指点

在红、橙、黄、绿、青、蓝和紫7种不同的光谱色中，其中黄色的明度最高（最亮）；橙色和绿色的明度低于黄色；红色、青色又低于橙色和绿色；紫色的明度最低（最暗）。

自然界中的大多数物体都拥有吸收光线、反射光线和透射光线的特性，由于其本身并不能发光，因此人们看到的大多是剩余光线的混合色彩，如图3-2所示。

图3-2　自然界中的色彩

3.1.2 色相

色相是指颜色的"相貌"，其主要用于区分色彩的种类和名称。

每一种颜色都表示一种具体的色相，其区别在于它们之间的色相差别。不同的颜色可以让人产生温暖和寒冷的感觉，如红色能带给人温暖、激情的感觉；蓝色则带给人寒冷、平稳的感觉，如图3-3所示。

专家指点

当人们看到红色和橙红色时，便联想到太阳、火焰，因而感到温暖，青色、蓝色、紫色等以冷色为主的画面称为冷色调画面，其中青色更"冷"。

图3-3 色环中的冷暖色

3.1.3 亮度和饱和度

亮度是指色彩明暗程度，几乎所有颜色都具有亮度的属性。饱和度是指色彩的鲜艳程度，其由颜色的波长来决定。

要表现出物体的立体感与空间感，则需要通过不同亮度的对比来实现。简单来讲，色彩的亮度越高，颜色就越淡；反之，色彩的亮度越低，颜色就越重，最终表现为黑色。从色彩的成分来讲，饱和度取决于色彩中含色成分与消色成分之间的比例。含色成分越多，则饱和度越高；反之，消色成分越多，则饱和度越低，如图3-4所示。

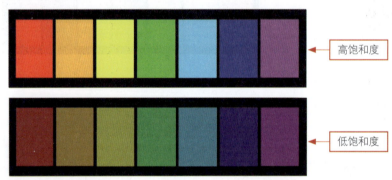

图3-4 不同的饱和度

3.1.4 RGB色彩模式

RGB是指由红、绿、蓝三原色组成的色彩模式，三原色中的每一种色彩都包含256种亮度，合成三个通道即可显示完整的色彩图像。在Premiere Pro 2020中，可以通过对红、绿、蓝三个通道的数值调整来调整对象的色彩。RGB色彩模式的视频画面如图3-5所示。

图3-5　RGB色彩模式的视频画面

灰度模式

灰度模式的图像不包含颜色，彩色图像转换为该模式后，色彩信息都会被删除。灰度模式是一种无色模式，其中含有256种亮度级别和一个Black通道。因此，用户看到的图像都是由256种不同强度的黑色所组成的。灰度模式的视频画面如图3-6所示。

图3-6　灰度模式的视频画面

Lab色彩模式

Lab色彩模式由一个亮度通道和两个色度通道组成，该色彩模式可作为一个彩色测量的国际标准。Lab色彩模式的色域很广，它是唯一不依赖于设备的颜色模式。在Lab色彩模式中，一个通道是亮度，另外两个通道是色彩通道，用a和b来表示。a通道包括的颜色从深绿色到灰色再到红色；b通道包括的颜色则从亮蓝色到灰色再到黄色。因此，这几种色彩混合后将产生明亮的色彩。Lab色彩模式的视频画面如图3-7所示。

图3-7　Lab色彩模式的视频画面

3.1.7　HLS色彩模式

HLS色彩模式是一种颜色标准，通过对色相（Hue）、亮度（Luminance）、饱和度（Saturation）三个色彩通道的变化及它们相互之间的叠加来得到各种各样的颜色。

HLS色彩模式基于人对色彩的心理感受，将色彩分为色相、亮度、饱和度三个要素，这种色彩模式更加符合人的主观感受，让用户觉得更加直观。

专家指点

当用户需要使用灰色时，由于已知任何饱和度为 0 的 HLS 颜色均为中性灰色，因此用户只需要调整亮度即可。

3.2　色彩的校正

在Premiere Pro 2020中编辑影视素材时，往往需要对影视素材的色彩进行校正来调整素材的颜色。本节主要介绍校正视频色彩的技巧。

3.2.1　校正"RGB曲线"

"RGB曲线"特效主要通过调整画面的明暗关系和色彩变化来实现画面的校正。

STEP 01 在Premiere Pro 2020界面中，按【Ctrl＋O】组合键，打开项目文件"素材\第3章\水.prproj"，如图 3-8所示。

STEP 02 选择"项目"面板中的素材文件，并将其拖曳至"时间轴"面板的V1轨道中，如图3-9所示。

STEP 03 在"时间轴"面板中添加素材后，在"节目监视器"面板中可以查看素材画面，如图3-10所示。

第3章 色彩色调的调整技巧

图3-8 打开项目文件

图3-9 拖曳素材文件

STEP 04 在"效果"面板中依次选择"视频效果"|"过时"选项，在其中选择"RGB曲线"特效，如图3-11所示。

图3-10 查看素材画面

图3-11 选择"RGB曲线"特效

STEP 05 单击并拖曳"RGB曲线"特效至"时间轴"面板的素材上，如图3-12所示，释放鼠标即可添加视频特效。

STEP 06 选择V1轨道上的素材，在"效果控件"面板中展开"RGB曲线"特效，如图3-13所示。

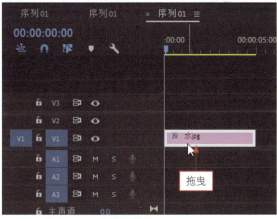

图3-12 拖曳"RGB曲线"特效

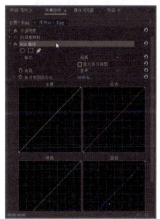

图3-13 展开"RGB曲线"特效

45

专家指点

在"RGB 曲线"选项列表中，用户还可以设置以下选项。

显示拆分视图：将素材图像的一部分显示为校正视图，而将其他素材图像的另一部分显示为未校正视图。

主通道：在更改曲线形状时改变所有通道的亮度和对比度。曲线向上弯曲会使剪辑变亮，曲线向下弯曲会使剪辑变暗。曲线较陡峭的部分表示图像中对比度较高的部分。通过单击可将点添加到曲线上，通过拖动可操控形状，将点拖离图表可以删除点。

辅助颜色校正：指定由效果校正的颜色范围。可以通过色相、饱和度和明亮度定义颜色。单击选项名称旁边的三角形按钮可访问控件。

中央颜色：在用户指定的范围中定义中央颜色，选择吸管工具，然后在屏幕上单击任意位置以指定颜色，此颜色会显示在色板中。使用吸管工具可以扩大颜色范围，也可以减小颜色范围。也可以通过单击色板来打开 Adobe 拾色器，然后选择中央颜色。

色相、饱和度和亮度：根据色相、饱和度和亮度指定要校正的颜色范围。单击选项名称旁边的三角形按钮可以访问阈值和柔和度（羽化）控件，用于定义色相、饱和度或亮度范围。

结尾柔和度：使指定区域的边界模糊，从而可以使校正更大程度上与原始图像混合。结尾柔和度的值越大，画面的柔和度也会越高。

边缘细化：使指定区域有更清晰的边界，校正显得更明显，边缘细化的值越大，画面的边缘清晰度越高。

反转：校正所有颜色，用户使用"辅助颜色校正"设置指定的颜色范围除外。

STEP 07 在"红色"矩形区域中单击并拖曳，创建并移动控制点，如图3-14所示。

STEP 08 执行上述操作后，即可运用"RGB曲线"校正色彩，如图3-15所示。

STEP 09 单击"播放-停止切换"按钮，预览视频效果，如图3-16所示。

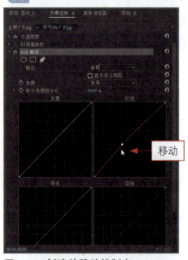

图3-14 创建并移动控制点

图3-15 运用"RGB曲线"校正色彩

 专家指点

"辅助颜色校正"属性用来指定使用效果校正的颜色范围。可以通过色相、饱和度和明亮度指定颜色或颜色范围。将颜色校正效果隔离到图像的特定区域，这类似于在 Photoshop 中执行选择或遮蔽图像，"辅助颜色校正"属性可供"亮度校正器""亮度曲线""RGB 颜色校正器""RGB 曲线"及"三向颜色校正器"等效果使用。

第3章 色彩色调的调整技巧

图3-16 "RGB曲线"调整的前后对比效果

3.2.2 校正"更改颜色"

"更改颜色"是指将另一种新的颜色来替换用户指定的颜色,达到色彩转换的效果。

STEP 01 按【Ctrl+O】组合键,打开项目文件"素材\第3章\七彩蝴蝶.prproj",如图3-17所示。

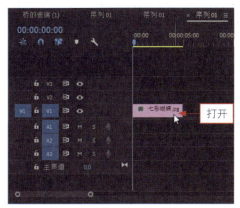

图3-17 打开项目文件

STEP 02 打开项目文件后,在"节目监视器"面板中便可以查看素材画面,如图3-18所示。

图3-18 查看素材画面

STEP 03 在"效果"面板中依次展开"视频效果"|"颜色校正"选项,在其中选择"更改颜色"特效,如图3-19所示。

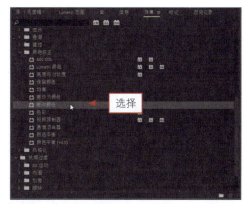

图3-19 选择"更改颜色"特效

STEP 04 单击并拖曳"更改颜色"特效至"时间轴"面板中的素材文件上,如图3-20所示,释放鼠标即可添加视频特效。

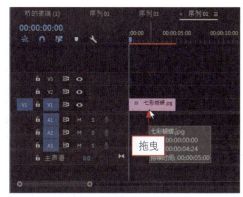

图3-20 拖曳"更改颜色"特效

STEP 05 选择V1轨道上的素材,在"效果控件"面板中展开"更改颜色"选项,单击"要更改的颜色"选项右侧的吸管图标,如图3-21所示。

47

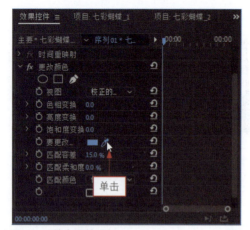

图3-21 单击吸管图标

STEP 06 在"节目监视器"中的合适位置单击进行采样,如图3-22所示。

图3-22 进行采样

STEP 07 采样完成后,在"效果控件"面板中展开"更改颜色"选项,设置"色相变换"为-175.0、"亮度变换"为8.0、"匹配容差"为28%,如图3-23所示。

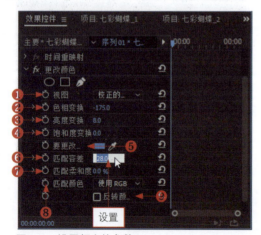

图3-23 设置相应的参数

STEP 08 执行上述操作后,即可运用"更改颜色"特效调整色彩,如图3-24所示。

专家指点

当用户第一次确认需要更改的颜色时,只需要选择近似的颜色即可,因为在了解颜色替换效果后才能精确调整替换的颜色。"更改颜色"特效是通过调整素材色彩范围内色相、亮度及饱和度的数值,以改变色彩范围内的颜色的。

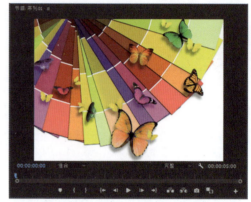

图3-24 运用"更改颜色"特效调整色彩

❶ **视图**:"校正的图层"显示更改颜色效果的结果。"颜色校正遮罩"显示将要更改的图层的区域。"颜色校正遮罩"中的白色区域的变化很大,黑暗区域变化很小。

❷ **色相变换**:色相的调整量(读数)。

❸ **亮度变换**:正值使匹配的像素变亮,负值使匹配的像素变暗。

❹ **饱和度变换**:正值增加匹配的像素的饱和度(向纯色移动),负值降低匹配的像素的饱和度(向灰色移动)。

❺ **要更改的颜色**:范围中要更改的中央颜色。

❻ **匹配容差**:设置颜色可以在多大程度上不同于"要匹配的颜色"并且仍然匹配。

❼ **匹配柔和度**:不匹配像素受效果影响的程度,与"要匹配的颜色"的相似性成比例。

❽ **匹配颜色**:确定一个素材在其中比较颜色以确定相似性的色彩空间。RGB在RGB色彩空间中比较颜色。色相在颜色的色相上进行比较,忽略饱和度和亮度,因此鲜红和浅粉匹配。色度使用两个色度分量来确定相似性,忽略亮度。

❾ **反转颜色校正蒙版**:反转用于确定哪些颜色受影响的蒙版。

第3章　色彩色调的调整技巧

STEP 09 单击"播放-停止切换"按钮，预览视频效果，如图3-25所示。

图3-25　更改颜色调整的前后对比效果

在Premiere Pro 2020中，用户也可以使用"更改为颜色"特效，使用色相、亮度和饱和度的值将用户在图像中选择的颜色更改为另一种颜色，保持其他颜色不受影响。

"更改为颜色"提供了"更改颜色"效果未能提供的灵活性和选项。这些选项包括用于精确颜色匹配的色相、亮度和饱和度容差滑块，以及选择用户希望更改成的目标颜色的精确RGB值的功能，"更改为颜色"选项界面如图3-26所示。

将素材添加到"时间轴"面板的轨道上，为素材添加"更改为颜色"特效，在"效果控件"面板中展开"更改为颜色"选项，单击"自"右侧的色块，在弹出的"拾色器"对话框中设置RGB参数分别为3、231、72；单击"至"右侧的色块，在弹出的"拾色器"对话框中设置RGB参数分别为251、275、80；设置"色相"为20、"亮度"为60、"饱和度"为20、"柔和度"为20，调整效果如图3-27所示。

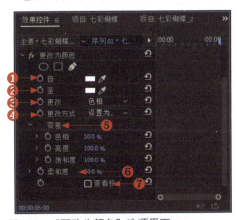

图3-26　"更改为颜色"选项界面　　　　图3-27　调整效果

❶ **自**：要更改的颜色范围的中心。

❷ **至**：将匹配的像素更改成的颜色（将改变动态的素材颜色，请为"至"颜色设置关键帧）。

❸ **更改**：选择受影响的通道。

❹ **更改方式**：如何更改颜色，"设置为颜色"将受影响的像素直接更改为目标颜色；"变换为颜色"使用HLS插值向目标颜色变换受影响的像素值，每个像素的更改量取决于像素的颜色与"自"颜色的接近程度。

❺ **容差**：颜色可以在大多程度上不同于"自"颜色并且仍然匹配，展开此控件可以显示色相、亮度和饱和度值的单独滑块。

❻ **柔和度**：用于校正遮罩边缘的羽化量，较高的值将在受颜色更改影响的区域与不受颜色更改影响的区域之间创建更平滑的过渡。

❼ **查看校正遮罩**：显示灰度遮罩，表示效果影响每个像素的程度，白色区域的变化最大，黑暗区域的变化最小。

3.2.3 校正"颜色平衡（HLS）"

H、L、S分别表示色相、亮度及饱和度3个颜色通道的简称。"颜色平衡（HLS）"特效能够通过调整画面的色相、亮度及饱和度来达到平衡素材颜色的作用。

STEP 01 按【Ctrl+O】组合键，打开项目文件"素材\第3章\蜗牛.prproj"，如图3-28所示。

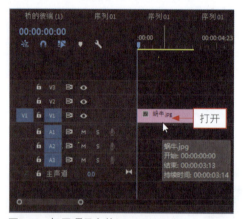

图3-28 打开项目文件

STEP 02 打开项目文件后，在"节目监视器"面板中即可查看素材画面，如图3-29所示。

图3-29 查看素材画面

STEP 03 在"效果"面板中依次展开"视频效果"|"颜色校正"选项，在其中选择"颜色平衡（HLS）"特效，如图3-30所示。

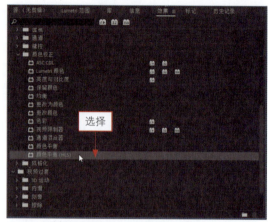

图3-30 选择"颜色平衡（HLS）"特效

STEP 04 单击并拖曳"颜色平衡（HLS）"特效至"时间轴"面板中的素材文件上，如图3-31所示，释放鼠标即可添加视频特效。

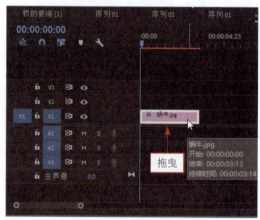

图3-31 拖曳"颜色平衡（HLS）"特效

STEP 05 选择V1轨道上的素材，在"效果控件"面板中展开"颜色平衡（HLS）"特效，如图3-32所示。

第3章 色彩色调的调整技巧

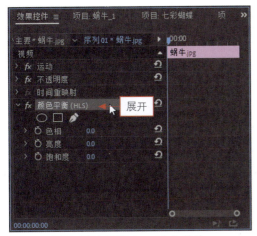

图3-32 展开"颜色平衡（HLS）"特效

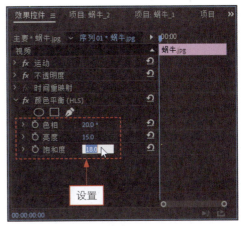

图3-33 设置相应的数值

STEP 06 在"效果控件"面板中设置"色相"为20.0°、"亮度"为15.0、"饱和度"为18.0，如图3-33所示。

STEP 07 执行上述操作后，即可运用"颜色平衡（HLS）"调整色彩，单击"播放-停止切换"按钮，预览视频效果，如图3-34所示。

图3-34 "颜色平衡（HLS）"特效调整的前后对比效果

3.3 图像色彩的调整

色彩的调整主要是针对素材中的对比度、亮度、颜色及通道等项目进行特殊的调整和处理。在Premiere Pro 2020中，系统为用户提供了9种特效，本节将对其中几种常用特效进行介绍。

3.3.1 案例——调整色阶

在Premiere Pro 2020中，"色阶"特效可以自动调整素材画面的高光、阴影，并可以调整每一个位置的颜色。下面介绍运用"色阶"调整图像的操作方法。

STEP 01 单击"文件"|"打开项目"命令，打开项目文件"素材\第3章\天空之美.prproj"，如图3-35所示。

STEP 02 打开项目文件后，在"节目监视器"面板中即可查看素材画面，如图3-36所示。

STEP 03 在"效果"面板中依次展开"视频效果"|"调整"选项，在其中选择"色阶"特效，如图3-37所示。

51

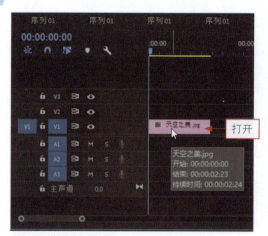

图3-35　打开项目文件

图3-36　查看素材画面

STEP 04 单击并拖曳"色阶"特效至"时间轴"面板中的素材文件上，如图3-38所示，释放鼠标即可添加视频特效。

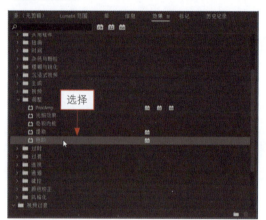

图3-37　选择"色阶"特效

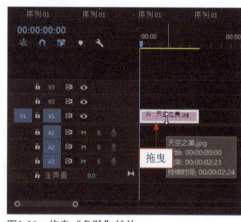

图3-38　拖曳"色阶"特效

STEP 05 选择V1轨道上的素材，在"效果控件"面板中展开"色阶"特效，如图3-39所示。

STEP 06 在"效果控件"面板中设置"RGB输入黑色阶"为25、"RGB灰色阶"为75，如图3-40所示。

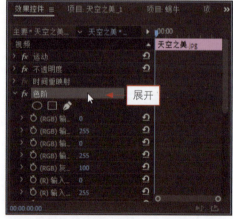

图3-39　展开"色阶"特效

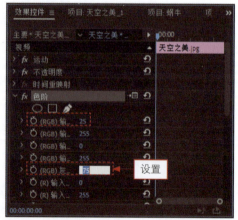

图3-40　设置相应的参数

STEP 07 执行上述操作后，即可运用"色阶"调整色彩，单击"播放-停止切换"按钮，预览视频效果，如图3-41所示。

图3-41 色阶调整的前后对比效果

3.3.2 案例——运用卷积内核

在Premiere Pro 2020中，"卷积内核"特效可以根据数学卷积分的运算来改变素材中的每一个像素。下面介绍运用"卷积内核"调整图像的操作方法。

专家指点

在Premiere Pro 2020中，"卷积内核"视频特效主要用于以某种预先指定的数字计算方法来改变图像中像素的亮度值，从而得到丰富的视频效果。在"效果控件"面板的"卷积内核"选项下，单击各选项前的三角形按钮，在其下方可以通过拖动滑块来调整数值。

STEP 01 单击"文件"|"打开项目"命令，打开项目文件"素材\第8章\彩铅.prproj"，如图3-42所示。

STEP 02 打开项目文件后，在"节目监视器"面板中可以查看素材画面，其效果如图3-43所示。

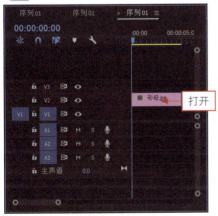 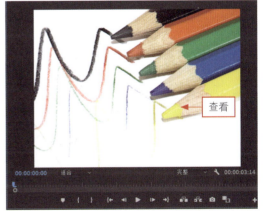

图3-42 打开项目文件　　　　　　　图3-43 查看素材画面

STEP 03 在"效果"面板中依次展开"视频效果"|"调整"选项，在其中选择"卷积内核"特效，如图3-44所示。

STEP 04 单击并拖曳"卷积内核"特效至"时间轴"面板中的素材文件上，如图3-45所示，释放鼠标即可添加视频特效。

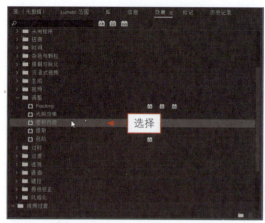

图3-44 选择"卷积内核"特效

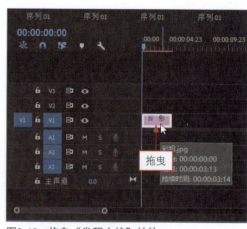

图3-45 拖曳"卷积内核"特效

STEP 05 选择V1轨道上的素材,在"效果控件"面板中展开"卷积内核"选项,如图3-46所示。

STEP 06 在"效果控件"面板中设置M11为2,如图3-47所示。

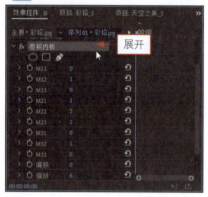

图3-46 展开"卷积内核"特效

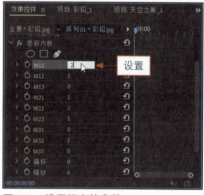

图3-47 设置相应的参数

专家指点

在"卷积内核"选项列表中,每项以字母 M 开头的设置均表示 3×3 矩阵中的一个单元格,例如,M11 表示第 1 行第 1 列的单元格,M22 表示矩阵中心的单元格。单击任何单元格设置旁边的数字,可以键入要作为该像素亮度值的倍数的值。

STEP 07 执行上述操作后,即可运用"卷积内核"调整色彩,单击"播放-停止切换"按钮,预览视频效果,如图3-48所示。

图3-48 运用"卷积内核"调整色彩的前后对比效果

第3章 色彩色调的调整技巧

专家指点

在"卷积内核"选项列表中,单击"偏移"选项旁边的数字并键入一个值,此值将与缩放计算的结果相加;单击"缩放"选项旁边的数字并键入一个值,计算中的像素亮度值总和将除以此值。

案例——运用光照效果

"光照效果"视频特效可以用来在图像中制作并应用多种照明效果。

STEP 01 单击"文件"|"打开项目"命令,打开项目文件"素材\第3章\小花盆.prproj",如图3-49所示。

STEP 02 打开项目文件后,在"节目监视器"面板中便可以查看素材画面,如图3-50所示。

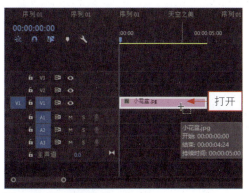
图3-49 打开项目文件

图3-50 查看素材画面

STEP 03 在"效果"面板中依次展开"视频效果"|"调整"选项,在其中选择"光照效果"视频特效,如图3-51所示。

STEP 04 单击并拖曳"光照效果"特效至"时间轴"面板中的素材文件上,如图3-52所示,释放鼠标即可添加视频特效。

图3-51 选择"光照效果"特效

图3-52 拖曳"光照效果"特效

STEP 05 选择V1轨道上的素材,在"效果控件"面板中展开"光照效果"|"光照1"选项,如图3-53所示。

专家指点

在"光照效果"选项列表中,用户还可以设置以下选项。

表面材质：用于确定反射率较高者是光本身还是光照对象。值-100表示反射光的颜色，值100表示反射对象的颜色。

曝光：用于增加（正值）或减少（负值）光照的亮度。光照的默认亮度值为0。

STEP 06 在"效果控件"面板中设置"光照类型"为"点光源"、"中央"为（16.0，126.0）、"主要半径"为85.0、"次要半径"为85.0、"角度"为123.0°、"强度"为9.0及"聚焦"为16.0，如图3-54所示。

专家指点

在 Premiere Pro 2020 中，对剪辑应用"光照效果"时，最多可采用5个光照来产生有创意的光照。"光照效果"可用于控制光照属性，如光照类型、方向、强度、颜色、光照中心和光照传播，Premiere Pro 2020 中还有一个"凹凸层"控件可以使用其他素材中的纹理或图案产生特殊光照效果，例如类似3D表面的效果。

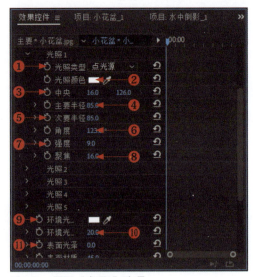 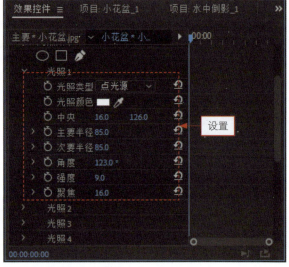

图3-53　展开"光照1"选项　　　　　　　　图3-54　设置相应的数值

❶ **光照类型**：选择光照类型以指定光源。"无"用来关闭光照；"方向型"从远处提供光照，使光线角度不变；"全光源"直接在图像上方提供四面八方的光照，类似灯泡照在一张纸上；"聚光"投射椭圆形光束。

❷ **光照颜色**：用来指定光照颜色。可以单击色板使用"Adobe拾色器"选择颜色，然后单击"确定"按钮；也可以单击吸管图标，然后单击计算机桌面上的任意位置以选择颜色。

❸ **中央**：使用光照中心的 X 坐标值和 Y 坐标值移动光照，也可以通过在"节目监视器"面板中拖动中心圆来定位光照。

❹ **主要半径**：调整全光源或点光源的长度，也可以在节目监视器中拖动手柄来调整。

❺ **次要半径**：用于调整点光源的宽度。光照变为圆形后，增加次要半径也就会增加主要半径，也可以在节目监视器中拖动手柄来调整此属性。

❻ **角度**：用于更改平行光或点光源的方向。通过指定度数值可以调整此项控制，也可在"节目监视器"面板中将指针移至控制柄之外，直至其变成双头弯箭头，再进行拖动以旋转光。

❼ **强度**：该选项用于控制光照的明亮强度。

❽ **聚焦**：该选项用于调整点光源的最明亮区域的大小。

❾ **环境光照颜色**：该选项用于更改环境光的颜色。

第3章 色彩色调的调整技巧

⑩ **环境光照强度**：提供漫射光，就像该光照与室内其他光照（如日光或荧光）相混合一样。选择值100表示仅使用光源，选择值-100表示移除光源，要更改环境光的颜色，可以单击颜色框并使用出现的拾色器进行设置。

⑪ **表面光泽**：决定表面反射多少光（类似在一张照相纸的表面上），值介于-100（低反射）到100（高反射）之间。

STEP 07 执行上述操作后，即可运用"光照效果"调整色彩，单击"播放-停止切换"按钮，预览视频效果，如图3-55所示。

图3-55 运用"光照效果"调整色彩的前后对比效果

3.3.4 案例——调整图像的黑白

"黑白"特效主要是用于将素材画面转换为灰度图像，下面将介绍调整图像的黑白效果的操作方法。

STEP 01 单击"文件"|"打开项目"命令，打开项目文件"素材\第3章\海底世界.prproj"文件，如图3-56所示。

STEP 02 打开项目文件后，在"节目监视器"面板中便可以查看素材画面，如图3-57所示。

图3-56 打开项目文件　　　　　图3-57 查看素材画面

STEP 03 在"效果"面板中依次展开"视频效果"|"图像控制"选项，在其中选择"黑白"特效，如图3-58所示。

STEP 04 单击并拖曳"黑白"特效至"时间轴"面板中的素材文件上，如图3-59所示，释放鼠标即可添加视频特效。

57

STEP 05 选择V1轨道上的素材,在"效果控件"面板中展开"黑白"选项,保持默认设置即可,如图3-60所示。

STEP 06 执行上述操作后,即可运用"黑白"调整色彩,单击"播放-停止切换"按钮,预览视频效果,如图3-61所示。

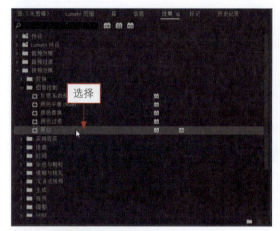

图3-58 选择"黑白"特效

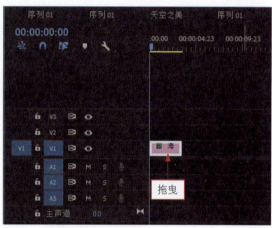

图3-59 拖曳"黑白"特效

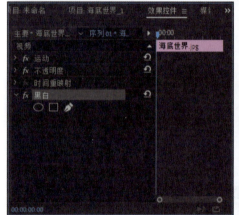

图3-60 保持默认设置

图3-61 预览视频效果

3.3.5 案例——调整图像的颜色过滤

"颜色过滤"特效主要用于将图像中某一指定单一颜色外的其他部分转换为灰度图像。

STEP 01 单击"文件"|"打开项目"命令,打开项目文件"素材\第3章\含苞待放.prproj"文件,如图3-62所示。

STEP 02 打开项目文件后,在"节目监视器"面板中便可以查看素材画面,如图3-63所示。

STEP 03 在"效果"面板中依次展开"视频效果"|"图像控制"选项,在其中选择"颜色过滤"特效,如图3-64所示。

STEP 04 单击并拖曳"颜色过滤"特效至"时间轴"面板中的素材文件上,如图3-65所示,释放鼠标即可添加视频特效。

STEP 05 选择V1轨道上的素材,在"效果控件"面板中展开"颜色过滤"特效,如图3-66所示。

STEP 06 在"效果控件"面板中单击"颜色"右侧的吸管图标,在"节目监视器"的素材背景中的红色上吸取颜色,进行采样,如图3-67所示。

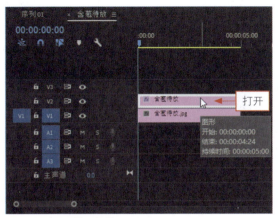

图3-62 打开项目文件

图3-63 查看素材画面

图3-64 选择"颜色过滤"特效

图3-65 拖曳"颜色过滤"特效

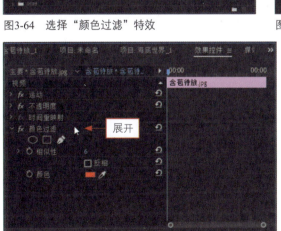

图3-66 展开"颜色过滤"特效

图3-67 进行采样

STEP 07 采样完成后,在"效果控件"面板中设置"相似性"为20,如图3-68所示。

STEP 08 执行上述操作后,即可运用"颜色过滤"调整色彩,如图3-69所示。

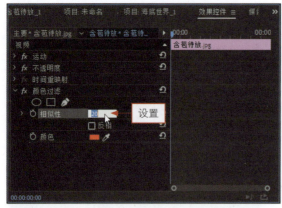

图3-68 设置相应选项　　　　　　　　　　图3-69 运用"颜色过滤"调整色彩

STEP 09 单击"播放-停止切换"按钮，预览视频效果，最终效果如图3-70所示。

图3-70 运用"颜色过滤"调整色彩的前后对比效果

3.3.6 案例——调整图像的颜色替换

"颜色替换"特效主要是通过目标颜色来改变素材中的颜色，下面将介绍调整图像的颜色替换的操作方法。

STEP 01 单击"文件"|"打开项目"命令，打开项目文件"素材\第3章\小黄花.prproj"，如图3-71所示。

STEP 02 打开项目文件后，在"节目监视器"面板中即可查看素材画面，如图3-72所示。

STEP 03 在"效果"面板中依次展开"视频效果"|"图像控制"选项，在其中选择"颜色替换"特效，如图3-73所示。

STEP 04 单击并拖曳"颜色替换"特效至"时间轴"面板中的素材文件上，如图3-74所示，释放鼠标即可添加视频特效。

STEP 05 选择V1轨道上的素材，在"效果控件"面板中展开"颜色替换"特效，如图3-75所示。

STEP 06 在"效果控件"面板中单击"目标颜色"右侧的吸管图标，并在"节目监视器"面板的素材背景中吸取枝干颜色进行采样，如图3-76所示。

第3章 色彩色调的调整技巧

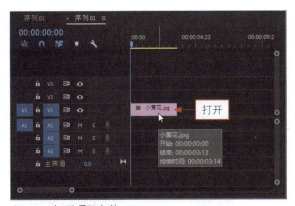

图3-71 打开项目文件

图3-72 查看素材画面

图3-73 选择"颜色替换"特效

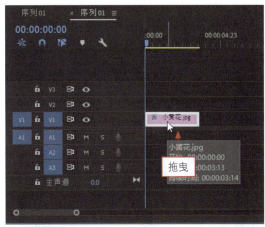

图3-74 拖曳"颜色替换"特效

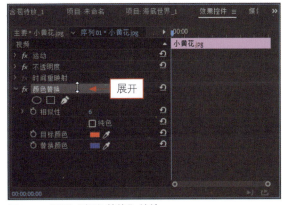

图3-75 展开"颜色替换"特效

图3-76 进行采样

STEP 07 采样完成后,在"效果控件"面板中设置"替换颜色"为黑色,设置"相似性"为30,如图3-77所示。

STEP 08 执行上述操作后,即可运用"颜色替换"调整色彩,如图3-78所示。

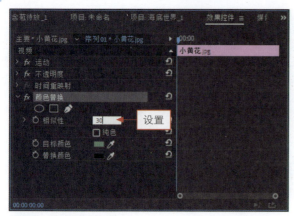

图3-77 设置相应选项　　　　　　　　　　　　图3-78 预览视频效果

 单击"播放-停止切换"按钮,预览视频效果,最终效果如图3-79所示。

图3-79 运用"颜色替换"调整色彩的前后对比效果

第4章　编辑与设置转场效果

转场主要利用某些特殊的效果，在素材与素材之间产生自然、平滑、美观及流畅的过渡效果，可以让视频画面更富有表现力。合理运用转场效果，可以制作出让人赏心悦目的影视片段。本章将详细介绍编辑与设置转场效果的方法。

本章重点

- 转场的基础知识
- 转场效果的编辑
- 转场效果属性的设置
- 应用常用转场特效

4.1 转场的基础知识

在两个镜头之间添加转场效果，使镜头与镜头之间的过渡更为平滑。本节将对转场的相关基础知识进行介绍。

4.1.1 认识转场功能

视频影片是由镜头与镜头之间的连接组建起来的，因此在许多镜头与镜头之间的切换过程中，难免会显得过于僵硬。因此，在许多镜头之间的切换过程中，需要选择不同的转场来达到过渡效果，如图4-1所示。转场除了平滑两个镜头的过渡，还能起到画面和视角之间的切换作用。

图4-1　转场效果

4.1.2 认识转场分类

Premiere Pro 2020中提供了多种多样的典型转场效果，根据不同的类型，系统将其分别归类在不同的文件夹中。

Premiere Pro 2020中包含的转场效果分别为3D转场效果、过渡效果、伸展效果、划像效果、页面剥落效果、叠化效果、擦除效果、映射效果、滑动效果、缩放效果及其他特殊效果等。图4-2为转场的划像效果。

图4-2 转场划像的效果

认识转场应用

构成电视片的最小单位是镜头，一个个镜头连接在一起形成的镜头序列称为段落。每个段落都具有某个单一的、相对完整的含义。段落与段落之间、场景与场景之间的过渡或转换就称为转场。不同的转场效果应用在不同的领域，可以使其效果更佳，百叶窗转场效果如图4-3所示。

图4-3 百叶窗转场效果

在影视科技不断发展的今天，转场的应用已经从单纯的影视效果发展到许多商业的动态广告、游戏的开场动画的制作及一些网络视频的制作中，如3D转场中的"帘式"转场，多用于娱乐节目的MTV中，让节目看起来更加生动。在叠化转场中的"白场过渡与黑场过渡"转场效果就常用在影视节目的片头和片尾处，这种缓慢的过渡可以避免让观众产生过于突然的感觉。

4.2 转场效果的编辑

转场效果的添加有利于增强画面的流动感，本节将主要介绍添加转场效果的基本操作方法。

案例——添加转场效果

在Premiere Pro 2020中，转场效果被放置在"效果"面板的"视频过渡"文件夹中，用户只需将转场效果拖曳至视频轨道中即可。下面介绍添加转场效果的操作方法。

第4章 编辑与设置转场效果

STEP 01 单击"文件"|"打开项目"命令，打开项目文件的"素材\第4章\夏日童话.prproj"，如图4-4所示。

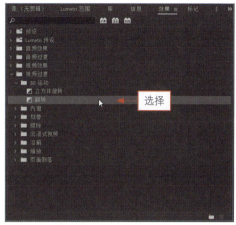

图4-6 选择"翻转"转场效果

图4-4 打开项目文件

STEP 02 在"效果控件"面板中调整素材的缩放比例，在"效果"面板中展开"视频过渡"选项，如图4-5所示。

STEP 04 单击并将其拖曳至V1轨道的两个素材之间，即可添加转场效果，如图4-7所示。

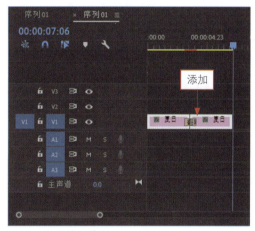

图4-7 添加转场效果

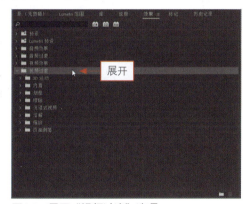

图4-5 展开"视频过渡"选项

STEP 03 执行上述操作后，在其中展开"3D运动"选项，选择"翻转"转场效果，如图4-6所示。

STEP 05 执行上述操作后，单击"节目监视器"面板中的"播放-停止切换"按钮，即可预览转场效果，如图4-8所示。

图4-8 预览转场效果

65

4.2.2 案例——为不同的轨道添加转场

在Premiere Pro 2020中，不仅可以在同一个轨道中添加转场效果，还可以在不同的轨道中添加转场效果。下面介绍为不同的轨道添加转场效果的操作方法。

专家指点

在 Premiere Pro 2020 中，为不同的轨道添加转场效果时，需要注意将不同轨道的素材与素材进行合适的交叉，否则会出现黑屏过渡效果。

STEP 01 单击"文件"|"打开项目"命令，打开项目文件"素材\第4章\春秋之景.prproj"，如图4-9所示。

STEP 02 将"项目"面板中的素材拖曳至V1轨道和V2轨道上，并使素材与素材之间进行合适的交叉，如图4-10所示，在"效果控件"面板中调整素材的缩放比例。

图4-9 打开项目文件

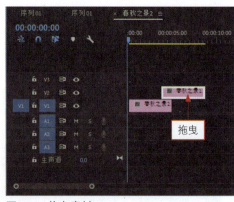

图4-10 拖曳素材

STEP 03 在"效果"面板中展开"视频过渡"|"3D运动"选项，选择"立方体旋转"转场效果，如图4-11所示。

STEP 04 单击将其拖曳至V2轨道的素材上，便可以添加转场效果，如图4-12所示。

图4-11 选择"立方体旋转"转场效果

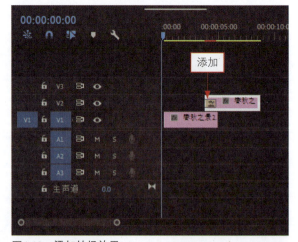

图4-12 添加转场效果

STEP 05 执行上述操作后,单击"节目监视器"面板中的"播放-停止切换"按钮,即可预览转场效果,如图4-13所示。

图4-13 预览转场效果

 专家指点

在 Premiere Pro 2020 中,将多个素材依次在轨道中连接的时候,注意前一个素材的最后一帧与后一个素材的第一帧之间的衔接性,两个素材一定要紧密地连接在一起。如果中间留有时间空隙,则会在最终的影片播放中出现黑场。

4.2.3 案例——替换和删除转场效果

在Premiere Pro 2020中,当用户发现添加的转场效果并不满意时,可以替换或删除转场效果。下面介绍替换和删除转场效果的操作方法。

STEP 01 单击"文件"|"打开项目"命令,打开项目文件"素材\第4章\水晶之恋.prproj",如图4-14所示。

STEP 02 在"时间轴"面板的V1轨道中可以查看转场效果,如图4-15所示。

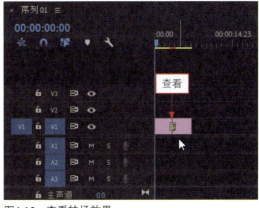

图4-14 打开项目文件　　　　　　图4-15 查看转场效果

 专家指点

在 Premiere Pro 2020 中,如果用户不再需要某个转场效果,则可以在"时间轴"面板中选择该转场效果,按【Delete】键删除即可。

STEP 03 在"效果"面板中展开"视频过渡"|"划像"选项,选择"圆划像"转场效果,如图4-16所示。

STEP 04 单击并将其拖曳至V1轨道的原转场效果所在的位置,即可替换转场效果,如图4-17所示。

图4-16 选择"圆划像"转场效果

图4-17 替换转场效果

STEP 05 执行上述操作后,单击"节目监视器"面板中的"播放-停止切换"按钮,即可预览替换后的转场效果,如图4-18所示。

STEP 06 在"时间轴"面板中选择转场效果,单击鼠标右键,在弹出的快捷菜单中选择"清除"命令,如图4-19所示,即可删除转场效果。

图4-18 预览转场效果

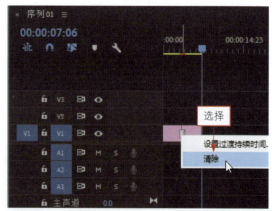
图4-19 删除转场效果

4.3 转场效果属性的设置

在Premiere Pro 2020中,可以对添加后的转场效果属性进行相应设置,从而达到美化转场效果的目的。本节主要介绍设置转场效果属性的方法。

4.3.1 案例——设置转场时间

在默认情况下,添加的视频转场效果默认为30帧的播放时间,用户可以根据需要对转场的播放时间进行调整。下面介绍设置转场播放时间的操作方法。

第4章 编辑与设置转场效果

STEP 01 单击"文件"|"打开项目"命令，打开项目文件"素材\第4章\沱江风光.prproj"，如图4-20所示。

STEP 02 在"效果控件"面板中调整素材的缩放比例，在"效果"面板中展开"视频过渡"|"划像"选项，选择"菱形划像"转场效果，如图4-21所示。

图4-20 打开项目文件

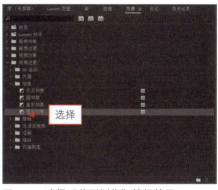
图4-21 选择"菱形划像"转场效果

STEP 03 单击并将其拖曳至V1轨道的两个素材之间，即可添加转场效果，如图4-22所示。

STEP 04 在"时间轴"面板的V1轨道中选择添加的转场效果，在"效果控件"面板中设置"持续时间"为00:00:05:00，如图4-23所示。

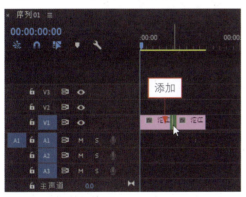
图4-22 添加转场效果

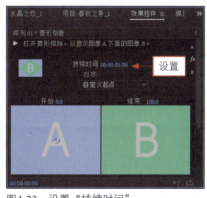
图4-23 设置"持续时间"

STEP 05 执行上述操作后，即可设置转场时间，单击"节目监视器"面板中的"播放-停止切换"按钮，即可预览转场效果，如图4-24所示。

图4-24 预览转场效果

69

专家指点

在 Premiere Pro 2020 中的"效果控件"面板中,不仅可以设置转场效果的持续时间,还可以显示素材的实际来源、边框、边色、反向及抗锯齿品质等。

 案例——对齐转场效果

在 Premiere Pro 2020 中,用户可以根据需要对添加的转场效果设置对齐方式。下面介绍对齐转场效果的操作方法。

STEP 01 单击"文件"|"打开项目"命令,打开项目文件"素材\第4章\户外广告.prproj",如图4-25所示。

图4-25　打开项目文件

STEP 02 在"项目"面板中拖曳素材至V1轨道中,在"效果控件"面板中调整素材的缩放比例,在"效果"面板中展开"视频过渡"|"页面剥落"选项,选择"页面剥落"转场效果,如图4-26所示。

STEP 03 单击并将其拖曳至V1轨道的两个素材之间,即可添加转场效果,如图4-27所示。

 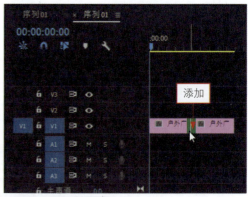

图4-26　选择"页面剥落"转场效果　　　　图4-27　添加转场效果

 专家指点

在 Premiere Pro 2020 的"效果控件"面板中,系统默认的对齐方式为居中于切点,用户还可以将对齐方式设置为居中于切点、起点切入或者结束于切点。

STEP 04 单击添加的转场效果,在"效果控件"面板中单击"中心切入"右侧的下拉按钮,在弹出的列表框中选择"起点切入"选项,如图4-28所示。

70

STEP 05 执行上述操作后，V1轨道上的转场效果即可对齐到"起点切入"位置，如图4-29所示。

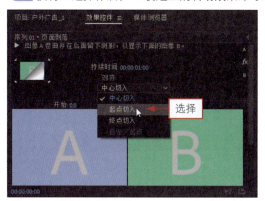

图4-28 选择"起点切入"

图4-29 选项 对齐转场效果

STEP 06 单击"节目监视器"面板中的"播放-停止切换"按钮，即可预览转场效果，如图4-30所示。

图4-30 预览转场效果

4.3.3 案例——反向转场效果

在Premiere Pro 2020中，将转场效果设置反向，预览转场效果时可以反向预览显示效果。下面介绍反向转场效果的操作方法。

STEP 01 单击"文件"|"打开项目"命令，打开项目文件"素材\第4章\城市美景.prproj"，如图4-31所示。

图4-31 打开项目文件

STEP 02 在"时间轴"面板中选择转场效果,如图4-32所示。

STEP 03 执行上述操作后,展开"效果控件"面板,如图4-33所示。

图4-32 选择转场效果

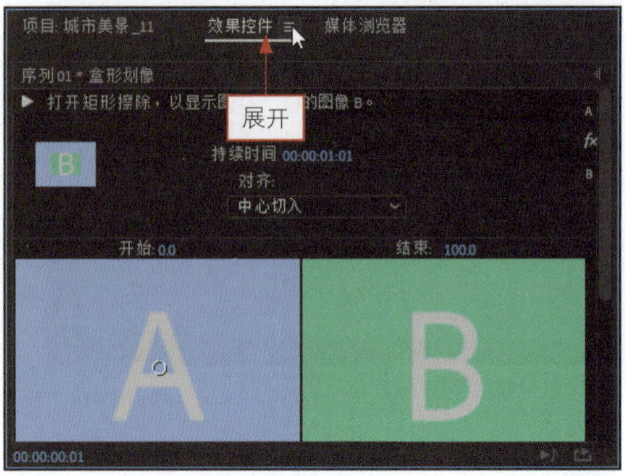

图4-33 展开"效果控件"面板

STEP 04 在"效果控件"面板中选中"反向"复选框,如图4-34所示。

STEP 05 执行上述操作后,单击"节目监视器"面板中的"播放-停止切换"按钮,即可预览反向转场效果,如图4-35所示。

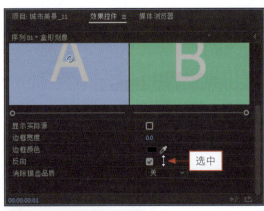

图4-34 选中"反向"复选框

图4-35 预览反向转场效果

4.3.4 案例——显示实际素材来源

在Premiere Pro 2020中,系统默认的转场效果并不会显示原始素材,用户可以通过设置"效果控件"面板来显示实际素材来源。下面介绍显示实际来源的操作方法。

STEP 01 单击"文件"|"打开项目"命令,打开项目文件"素材\第4章\室内广告.prproj",如图4-36所示。

STEP 02 在"时间轴"面板的V1轨道中双击转场效果,展开"效果控件"面板,如图4-37所示。

STEP 03 在其中选中"显示实际源"复选框,执行上述操作后,即可显示实际素材来源,查看到转场的开始点与结束点,如图4-38所示。

第4章　编辑与设置转场效果

图4-36　打开项目文件

图4-37　展开"效果控件"面板　　　　　　图4-38　显示实际素材来源

 专家指点

在"效果控件"面板中选中"显示实际源"复选框，则大写 A 和 B 两个预览区中显示的分别是视频轨道上第一段素材转场的开始帧和第二段素材的结束帧。

4.3.5　案例——设置转场边框

在Premiere Pro 2020中，不仅可以对齐转场、设置转场播放时间、反向转场效果等，还可以设置边框宽度及边框颜色。下面介绍设置边框宽度与颜色的操作方法。

STEP 01 单击"文件"|"打开项目"命令，打开项目文件"素材\第4章\蒲公英.prproj"，如图4-39所示。

STEP 02 在"时间轴"面板中选择转场效果，如图4-40所示。

STEP 03 在"效果控件"面板中单击"边框颜色"右侧的色块，弹出"拾色器"对话框，在其中设置RGB参数值为60、255、0，如图4-41所示。

STEP 04 单击"确定"按钮，在"效果控件"面板中设置"边框宽度"为5.0，如图4-42所示。

图4-39 打开项目文件

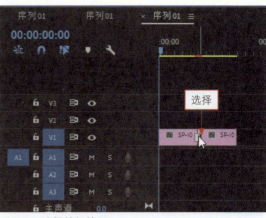

图4-40 选择转场效果

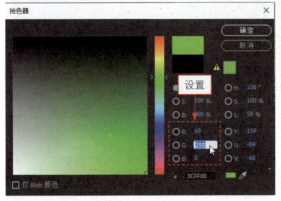

图4-41 设置RGB参数值

图4-42 设置"边框宽度"

STEP 05 执行上述操作后,单击"节目监视器"面板中的"播放-停止切换"按钮,即可预览设置边框颜色后的转场效果,如图4-43所示。

图4-43 预览转场效果

4.4 应用常用转场特效

视频影片是由镜头与镜头之间的连接组建起来的,用户可以在两个镜头之间添加过渡效果,使镜头与镜头之间的过渡更平滑。

4.4.1 案例——叠加溶解

"叠加溶解"转场效果是将第一个镜头的画面融化消失,第二个镜头的画面同时出现的转场效果。

STEP 01 按【Ctrl + O】组合键,打开项目文件"素材\第4章\美丽新娘.prproj",如图4-44所示。

STEP 02 打开项目文件后,在"节目监视器"面板中可以查看素材画面,如图4-45所示。

图4-44 打开项目文件

图4-45 查看素材画面

STEP 03 在"效果"面板中,❶ 依次展开"视频过渡"|"溶解"选项;❷ 在其中选择"叠加溶解"视频过渡,如图4-46所示。

STEP 04 将"叠加溶解"视频过渡添加到"时间轴"面板中相应的两个素材文件之间,如图4-47所示。

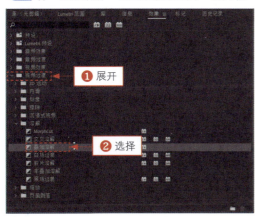
图4-46 选择"叠加溶解"视频过渡

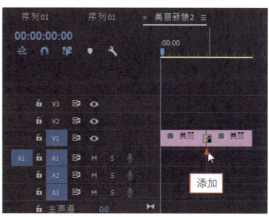
图4-47 添加视频过渡

STEP 05 在"时间轴"面板中选择"叠加溶解"视频过渡,切换至"效果控件"面板,将鼠标指针移至效果图标右侧的视频过渡效果上,当鼠标指针呈红色拉伸形状时,单击并向右拖曳,如图4-48所示,即可调整视频过渡效果的播放时间。

STEP 06 执行上述操作后,即可设置"叠加溶解"转场效果,如图4-49所示。

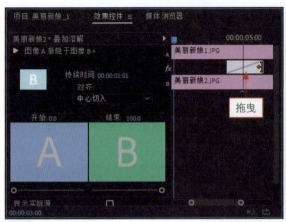
图4-48 拖曳视频过渡

图4-49 设置"叠加溶解"转场效果

STEP 07 在"节目监视器"面板中单击"播放-停止切换"按钮,预览视频效果,如图4-50所示。

图4-50 预览视频效果

> **专家指点**
>
> 在"时间轴"面板中也可以对视频过渡效果进行简单设置,将鼠标指针移至视频过渡效果图标上,当鼠标指针呈白色三角形状时,单击并拖曳可以调整视频过渡效果的切入位置,将鼠标指针移至视频过渡效果图标的一侧,当鼠标指针呈红色拉伸形状时,单击并拖曳可以调整视频过渡效果的播放时间。

4.4.2 案例——中心拆分

"中心拆分"转场效果是将第一个镜头的画面从中心拆分为4个画面,并向4个角落移动,逐渐过渡至第二个镜头的转场效果。

STEP 01 按【Ctrl+O】组合键,打开项目文件"素材\第4章\周年庆典.prproj",如图4-51所示。

STEP 02 打开项目文件后,在"节目监视器"面板中可以查看素材画面,如图4-52所示。

第4章 编辑与设置转场效果

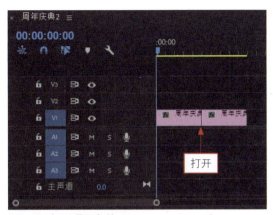

图4-51 打开项目文件

图4-52 查看素材画面

STEP 03 在"效果"面板中，❶ 依次展开"视频过渡"|"滑动"选项；❷ 在其中选择"中心拆分"视频过渡，如图4-53所示。

STEP 04 将"中心拆分"视频过渡添加到"时间轴"面板中相应的两个素材文件之间，如图4-54所示。

图4-53 选择"中心拆分"视频过渡

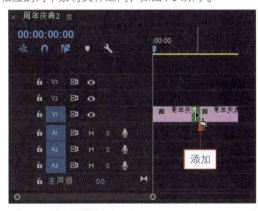

图4-54 添加视频过渡

STEP 05 在"时间轴"面板中选择"中心拆分"视频过渡，切换至"效果控件"面板，设置"边框宽度"为2.0，设置"边框颜色"为白色，如图4-55所示。

STEP 06 执行上述操作后，即可设置"中心拆分"转场效果，如图4-56所示。

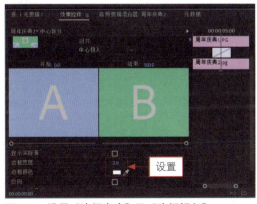

图4-55 设置"边框宽度"及"边框颜色"

图4-56 设置"中心拆分"转场效果

STEP 07 在"节目监视器"面板中单击"播放-停止切换"按钮,预览视频效果,如图4-57所示。

图4-57 预览视频效果

4.4.3 案例——渐变擦除

"渐变擦除"转场效果是将第二个镜头的画面以渐变的方式逐渐取代第一个镜头画面的转场效果。

STEP 01 按【Ctrl+O】组合键,打开项目文件"素材\第4章\美丽枫叶.prproj",如图4-58所示。

STEP 02 打开项目文件后,在"节目监视器"面板中单击"播放-停止切换"按钮可以查看素材画面,如图4-59所示。

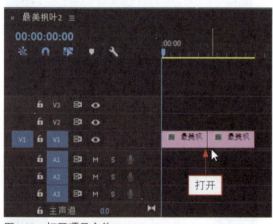

图4-58 打开项目文件　　　　　　　　图4-59 查看素材画面

STEP 03 在"效果"面板中依次展开"视频过渡"|"擦除"选项,在其中选择"渐变擦除"视频过渡,如图4-60所示。

STEP 04 将"渐变擦除"视频过渡拖曳至"时间轴"面板中相应的两个素材文件之间,如图4-61所示。

STEP 05 释放鼠标,弹出"渐变擦除设置"对话框,在对话框中设置"柔和度"为0,如图4-62所示。

STEP 06 单击"确定"按钮即可设置"渐变擦除"转场效果,如图4-63所示。

第4章 编辑与设置转场效果

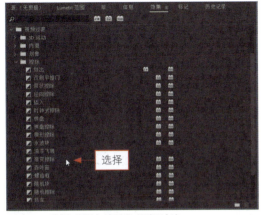

图4-60 选择"渐变擦除"视频过渡

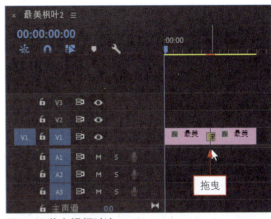

图4-61 拖曳视频过渡

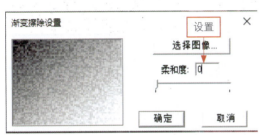

图4-62 设置"柔和度"

图4-63 设置"渐变擦除"转场效果

STEP 07 单击"播放-停止切换"按钮,预览视频效果,如图4-64所示。

图4-64 预览视频效果

4.4.4 案例——翻页

"翻页"转场效果主要是将第一幅画面以翻页的形式从一角卷起,最终将第二幅画面显示出来。

STEP 01 按【Ctrl+O】组合键,打开项目文件"素材\第4章\男孩.prproj",如图4-65所示。

STEP 02 打开项目文件后,在"节目监视器"面板中可以查看素材画面,如图4-66所示。

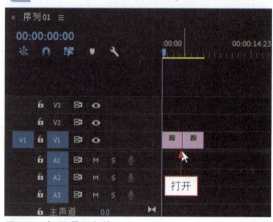

图4-65 打开项目文件　　　　　　　　　　图4-66 查看素材画面

STEP 03 在"效果"面板中,❶依次展开"视频过渡"|"页面剥落"选项;❷在其中选择"翻页"视频过渡,如图4-67所示。

STEP 04 将"翻页"视频过渡拖曳至"时间轴"面板中相应的两个素材文件之间,如图4-68所示。

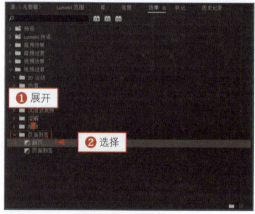
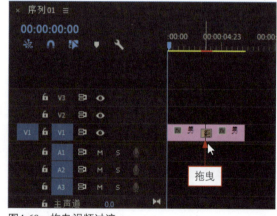

图4-67 选择"翻页"视频过渡　　　　　　图4-68 拖曳视频过渡

STEP 05 执行上述操作后,即可添加"翻页"转场效果,在"节目监视器"面板中单击"播放-停止切换"按钮,预览视频效果,如图4-69所示。

专家指点

用户在"效果"面板的"页面剥落"列表框中选择"翻页"转场效果后,可以单击鼠标右键,在弹出的快捷菜单中选择"设置所选择为默认过渡"命令,即可将"翻页"转场效果设置为默认转场。

图4-69　预览视频效果

4.4.5 案例——带状滑动

"带状滑动"转场效果能够将第二个镜头画面从预览窗口中的左右两边以带状形式向中间滑动拼接显示出来。

STEP 01 按【Ctrl+O】组合键,打开项目文件"素材\第4章\魅力春天.prproj",如图4-70所示。

STEP 02 打开项目文件后,在"节目监视器"面板中可以查看素材画面,如图4-71所示。

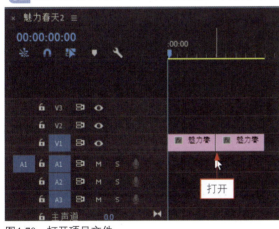

图4-70　打开项目文件　　　　　　　　　图4-71　查看素材画面

STEP 03 在"效果"面板中,❶依次展开"视频过渡"|"内滑"选项;❷在其中选择"带状滑动"视频过渡,如图4-72所示。

STEP 04 将"带状滑动"视频过渡拖曳到"时间轴"面板中相应的两个素材文件之间,如图4-73所示。

> **专家指点**
>
> 在 Premiere Pro 2020 中,"内滑"转场效果是以画面滑动的方式进行转换的,其共有 12 种转场效果。

STEP 05 在添加的视频过渡上单击鼠标右键,在弹出的快捷菜单中选择"设置过渡持续时间"命令,如图4-74所示。

STEP 06 在弹出的"设置过渡持续时间"对话框中设置"持续时间"为00:00:03:00,如图4-75所示。

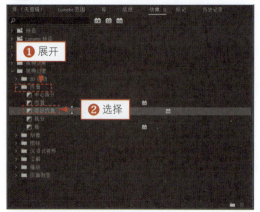

图4-72 选择"带状滑动"视频过渡

图4-73 拖曳视频过渡

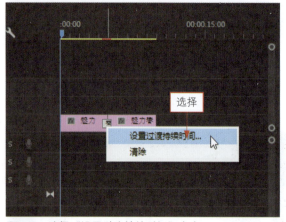

图4-74 选择"设置过渡持续时间"命令

图4-75 设置过渡持续时间

STEP 07 单击"确定"按钮,设置过渡持续时间,如图4-76所示。

STEP 08 执行上述操作后,即可设置"带状滑动"转场效果,如图4-77所示。

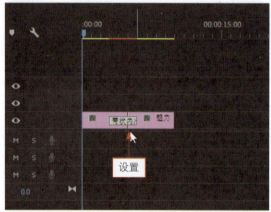

图4-76 设置过渡持续时间

图4-77 设置"带状滑动"转场效果

第4章 编辑与设置转场效果

STEP 09 在"节目监视器"面板中单击"播放-停止切换"按钮,预览视频效果,如图4-78所示。

图4-78 预览视频效果

4.4.6 案例——内滑

"内滑"转场效果不改变第一个镜头画面,而是直接将第二个镜头画面滑入第一镜头画面中。

STEP 01 按【Ctrl+O】组合键,打开项目文件"素材\第4章\唯美图片.prproj",在"效果"面板的"内滑"列表框中选择"内滑"视频过渡,如图4-79所示。

STEP 02 将"内滑"视频过渡拖曳到"时间轴"面板中相应的两个素材文件之间,如图4-80所示。

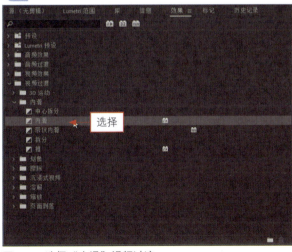

图4-79 选择"内滑"视频过渡　　　　图4-80 拖曳视频过渡

STEP 03 执行上述操作后,即可添加"内滑"转场效果,在"节目监视器"面板中单击"播放-停止切换"按钮,预览视频效果,如图4-81所示。

83

图4-81 预览视频效果

第5章 精彩视频效果的制作

随着数字时代的发展,添加影视效果这一复杂的工作已经得到了简化。在Premiere Pro 2020强大的视频效果的帮助下,可以对视频、图像及音频等多种素材进行处理和加工,从而得到令人满意的影视文件,本章将讲解Premiere Pro 2020系统中提供的多种视频效果的添加与制作方法。

本章重点

- 视频效果的操作
- 制作常用视频特效

5.1 视频效果的操作

根据视频效果的作用,Premiere Pro 2020将提供的130多种视频效果分为"变换""图像控制""实用程序""扭曲""时间""杂色与颗粒""模糊与锐化""生成""视频""调整""过渡""透视""通道""键控""颜色校正"和"风格化"等18个文件夹,放置在"效果"面板的"视频效果"文件夹中,如图5-1所示。为了更好地应用这些绚丽的视频效果,用户首先需要掌握视频效果的基本操作方法。

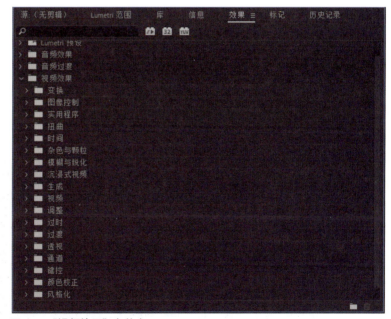

图5-1 "视频效果"文件夹

5.1.1 添加单个视频效果

已添加视频效果的素材左侧的"不透明度"按钮 fx 都会变成紫色 fx,以便于用户区分素材是否添加了视频效果,单击"不透明度"按钮 fx,即可在弹出的列表框中查看添加的视频效果,如图5-2所示。

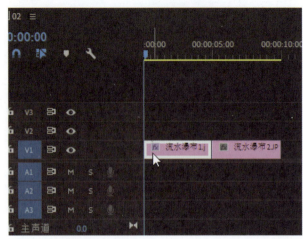

图5-2 查看添加的视频效果

在Premiere Pro 2020中，添加到"时间轴"面板的每个视频都会预先应用或内置固定效果。固定效果可控制剪辑的固有属性，用户可以在"效果控件"面板中调整所有固定效果属性来激活它们。固定效果包括以下内容。

- 运动：包括多种属性，用于旋转和缩放视频及调整视频的防闪烁属性，或将这些视频与其他视频进行合成。
- 不透明度：允许降低视频的不透明度，用于实现叠加、淡化和溶解之类的效果。
- 时间重映射：允许针对视频的任何部分减速、加速、倒放或者将帧冻结。通过提供微调控制，使这些视频变化加速或减速。
- 音量：控制视频中的音频音量。

为素材添加固定效果之后，用户还可以在"效果控件"面板中展开相应的效果选项，为添加的特效设置参数，如图5-3所示。

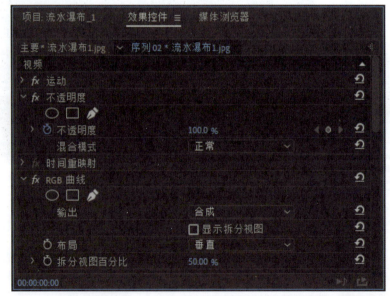

图5-3 设置固定效果参数

专家指点

Premiere Pro 2020 在应用于视频的所有标准效果添加之后渲染固定效果，标准效果会按照从上到下出现的顺序渲染，可以在"效果控件"面板中将标准效果拖曳至新的位置来更改它们的顺序，但是不能重新排列固定效果的顺序。这些操作可能会影响视频的最终效果。

 添加多个视频效果

在Premiere Pro 2020中，将素材拖曳至"时间轴"面板后，用户可以将"效果"面板中的视频效果依次拖曳至"时间轴"面板的素材中，实现多个视频效果的添加。下面介绍添加多个视频效果的方法。

单击"窗口"|"效果"命令，展开"效果"面板，如图5-4所示。展开"视频效果"文件夹，为素材添加"扭曲"子文件夹中的"放大"视频效果，如图5-5所示。

图5-4　"效果"面板

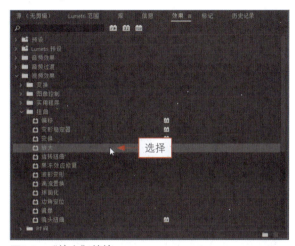

图5-5　"放大"特效

当用户完成单个视频效果的添加后，可以在"效果控件"面板中查看已添加的视频效果，如图5-6所示。接下来，用户可以继续拖曳其他视频效果来完成多视频效果的添加，执行上述操作后，"效果控件"面板中即可显示添加的其他视频效果，如图5-7所示。

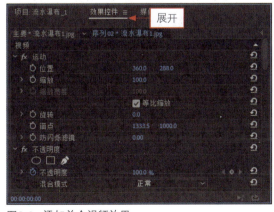

图5-6　添加单个视频效果

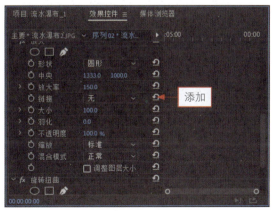

图5-7　添加多个视频效果

5.1.3 复制与粘贴视频效果

使用复制功能可以对重复使用的视频效果进行复制操作。用户在执行复制操作时，可以在"时间轴"面板中选择要添加视频效果的源素材，并在"效果控件"面板中选择视频效果，单击鼠标右键，在弹出的快捷菜单中选择"复制"命令即可，下面介绍复制粘贴视频效果的操作步骤。

STEP 01 按【Ctrl + O】组合键，打开项目文件"素材\第5章\心心相印.prproj"，如图5-8所示。

STEP 02 打开项目文件后，在"节目监视器"面板中可以查看素材画面，如图5-9所示。

STEP 03 在"效果"面板中依次展开"视频效果"|"调整"选项，在其中选择"ProcAmp"视频效果，如图 5-10所示。

STEP 04 将ProcAmp视频效果拖曳至"时间轴"面板中的"心心相印（1）"素材上，切换至"效果控件"面板，设置"亮度"为1.0、"对比度"为108.0、"饱和度"为155.0，在"ProcAmp"选项上单击鼠标右键，在弹出的快捷菜单中选择"复制"命令，如图5-11所示。

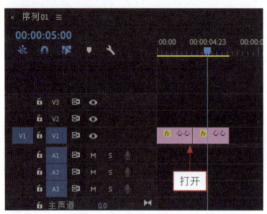

图5-8　打开项目文件

图5-9　查看素材画面

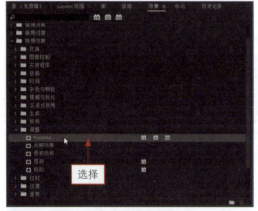

图5-10　选择"ProcAmp"视频效果

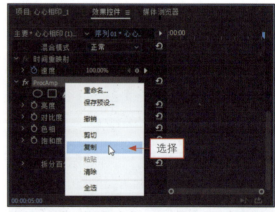

图5-11　选择"复制"命令

STEP 05 在"时间轴"面板中选择"心心相印（2）"素材文件，如图5-12所示。

STEP 06 在"效果控件"面板中的空白位置单击鼠标右键，在弹出的快捷菜单中选择"粘贴"命令，如图 5-13所示。

第5章 精彩视频效果的制作

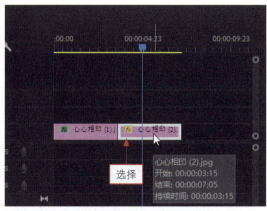

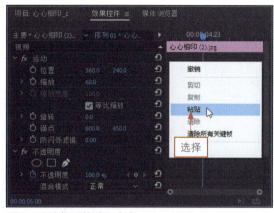

图5-12 选择"心心相印（2）"素材文件　　图5-13 选择"粘贴"命令

STEP 07 执行上述操作后，即可将复制的视频效果粘贴到"心心相印（2）"素材中，如图5-14所示。

STEP 08 单击"播放-停止切换"按钮，预览视频效果，如图5-15所示。

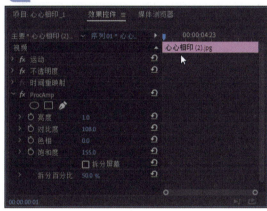

图5-14 粘贴视频效果　　图5-15 预览视频效果

 删除视频效果

用户在进行视频效果添加的过程中，如果对添加的视频效果不满意，则可以通过"清除"命令来删除视频效果，下面介绍通过"清除"命令删除视频效果的操作步骤。

STEP 01 按【Ctrl + O】组合键，打开项目文件"素材\第5章\字母.prproj"，如图5-16所示。

STEP 02 打开项目文件后，在"节目监视器"面板中可以查看素材画面，如图5-17所示。

STEP 03 切换至"效果控件"面板，在"波形变形"选项上单击鼠标右键，在弹出的快捷菜单中选择"清除"命令，如图5-18所示。

STEP 04 执行上述操作后，即可清除"波形变形"视频效果，然后选择"色彩"选项，如图5-19所示。

STEP 05 单击鼠标右键，在弹出的快捷菜单中选择"清除"命令，如图5-20所示。

STEP 06 执行上述操作后，即可清除"色彩"视频效果，如图5-21所示。

图5-16 打开项目文件

图5-17 查看素材画面

图5-18 选择"清除"命令

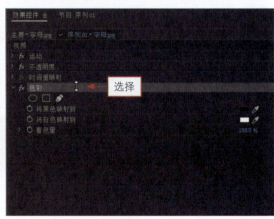

图5-19 选择"色彩"选项

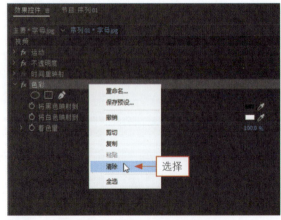

图5-20 选择"清除"命令

图5-21 清除"色调"视频效果

STEP 07 单击"播放-停止切换"按钮，预览视频效果，如图5-22所示。

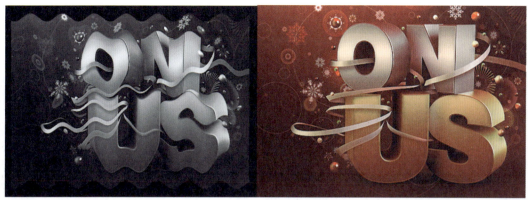

图5-22 删除视频效果后的前后对比效果

5.1.5 关闭视频效果

关闭视频效果是指将已添加的视频效果暂时隐藏，如果需要再次显示该效果，则用户可以重新启用，而无须再次添加。

在Premiere Pro 2020界面中，用户可以单击"效果控件"面板中的"切换效果开关"按钮，如图5-23所示，即可隐藏该素材的视频效果。当用户再次单击"切换效果开关"按钮时，即可重新显示视频效果，如图5-24所示。

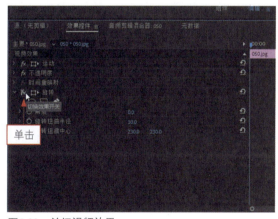
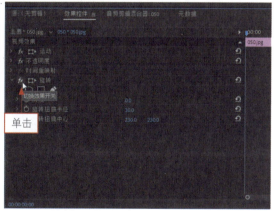

图5-23 关闭视频效果　　　　　　　　图5-24 重新显示视频效果

5.2 制作常用视频特效

系统将视频效果分为"变换""视频控制""实用""扭曲"及"时间"等多种类别，接下来介绍几种常用的视频效果的添加方法。

5.2.1 案例——制作键控特效

键控特效主要针对视频图像的特定键进行处理，下面介绍"颜色键"特效的添加方法。

STEP 01 按【Ctrl+O】组合键，打开项目文件"素材\第5章\破壳.prproj"，如图5-25所示。

STEP 02 打开项目文件后，在"节目监视器"面板中可以查看素材画面，如图5-26所示。

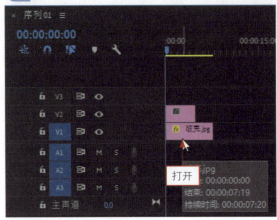

图5-25 打开项目文件　　　　　　　　　　　图5-26 查看素材画面

STEP 03 在"效果"面板中依次展开"视频效果"|"键控"选项，在其中选择"颜色键"特效，如图5-27所示。

STEP 04 将"颜色键"特效拖曳至"时间轴"面板中的"破壳2"素材文件上，如图5-28所示。

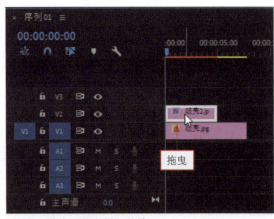

图5-27 选择"颜色键"特效　　　　　　　　图5-28 拖曳"颜色键"特效

专家指点

在"键控"文件夹中，用户还可以设置以下选项。

● **轨道遮罩键效果**：使用"轨道遮罩键"移动或更改透明区域。"轨道遮罩键"效果通过一个剪辑（叠加的剪辑）显示另一个剪辑（背景剪辑），此过程使用第三个文件作为遮罩，在叠加的剪辑中创建透明区域。此效果需要两个剪辑和一个遮罩，每个剪辑位于自身的轨道上。遮罩中的白色区域在叠加的剪辑中是不透明的，防止底层剪辑显示出来。遮罩中的黑色区域是透明的，而灰色区域是部分透明的。

● **非红色键**："非红色键"效果基于绿色或蓝色背景创建透明度。虽然此键类似于蓝屏键效果，但是它还允许用户混合两个剪辑。此外，"非红色键"效果有助于减少不透明对象边缘的边纹。在需要控制混合时，或在蓝屏键效果无法产生满意结果时，可使用"非红色键"效果来抠出绿色屏。

● **颜色键**:"颜色键"效果抠出所有类似于指定的主要颜色的视频像素。此效果仅修改剪辑的 Alpha 通道。

● **Alpha 调整**:需要更改固定效果的默认渲染顺序时,可使用"Alpha 调整"效果代替不透明度效果。更改不透明度百分比可创建透明度级别。

● **亮度键**:"亮度键"效果可以抠出图层中指定明亮度的所有区域。

● **图像遮罩键**:"图像遮罩键"效果根据静止视频剪辑(充当遮罩)的明亮度值抠出剪辑视频的区域。透明区域显示下方轨道上剪辑产生的视频,可以指定项目中要充当遮罩的任何静止视频剪辑,不必位于序列中。要使用移动视频作为遮罩,改用"轨道遮罩键"效果。

● **差值遮罩**:"差值遮罩"效果创建透明度的方法是将源剪辑和差值剪辑进行比较,然后在源视频中抠出与差值视频中的位置和颜色均匹配的像素。通常,"差值遮罩"效果用于抠出移动物体后面的静态背景,然后放在不同的背景上。差值剪辑通常仅仅是背景素材的帧(在移动物体进入场景之前)。鉴于此,"差值遮罩"效果非常适合使用固定摄像机和静止背景拍摄的场景。

● **移除遮罩**:"移除遮罩"效果从某种颜色的剪辑中移除颜色边纹。将 Alpha 通道与独立文件中的填充纹理相结合时,此效果很适用。如果导入具有预乘 Alpha 通道的素材,或使用 After Effects 创建 Alpha 通道,则可能需要从视频中移除光晕。光晕源于视频的颜色和背景之间或遮罩与颜色之间较大的对比度,移除或更改遮罩的颜色可以移除光晕。

STEP 05 在"效果控件"面板中展开"颜色键"选项,设置"主要颜色"为白色、"颜色容差"为4.0,如图5-29所示。

STEP 06 执行上述操作后,即可运用键控特效编辑素材,如图5-30所示。

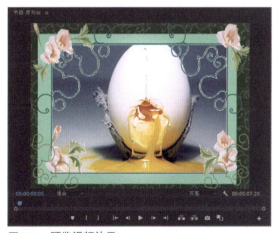

图5-29 设置相应的选项　　　　　　　　　　图5-30 预览视频效果

STEP 07 单击"播放-停止切换"按钮,预览视频效果,如图5-31所示。

图5-31 预览视频效果

5.2.2 案例——制作垂直翻转特效

垂直翻转特效用于将视频上下垂直翻转，下面介绍添加垂直翻转特效的操作方法。

STEP 01 按【Ctrl+O】组合键，打开项目文件"素材\第5章\白云.prproj"，如图5-32所示。

STEP 02 打开项目文件后，在"节目监视器"面板中可以查看素材画面，如图5-33所示。

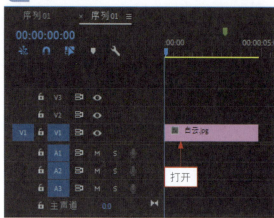

图5-32 打开项目文件　　　　　　　　　图5-33 查看素材画面

STEP 03 在"效果"面板中依次展开"视频效果"|"变换"选项，在其中选择"垂直翻转"特效，如图5-34所示。

STEP 04 将"垂直翻转"特效拖曳至"时间轴"面板中的"白云"素材文件上，如图5-35所示。

 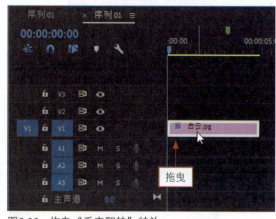

图5-34 选择"垂直翻转"特效　　　　　图5-35 拖曳"垂直翻转"特效

STEP 05 单击"播放-停止切换"按钮，预览视频效果，如图5-36所示。

第5章 精彩视频效果的制作

图5-36 预览视频效果

5.2.3 案例——制作水平翻转特效

水平翻转特效用于将视频中的每一帧从左向右翻转，下面介绍添加水平翻转特效的操作方法。

STEP 01 按【Ctrl + O】组合键，打开项目文件"素材\第5章\胶布.prproj"，如图 5-37 所示。

STEP 02 打开项目文件后，在"节目监视器"面板中可以查看素材画面，如图5-38所示。

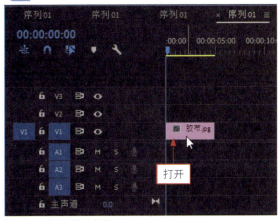 

图5-37 打开项目文件　　　　　　　　图5-38 查看素材画面

STEP 03 在"效果"面板中依次展开"视频效果"|"变换"选项，在其中选择"水平翻转"特效，如图 5-39 所示。

STEP 04 将"水平翻转"特效拖曳至"时间轴"面板中的"胶布"素材文件上，如图5-40所示。

> **专家指点**
>
> 在 Premiere Pro 2020 中，"变换"列表中的视频效果主要是使素材的形状产生二维或者三维的变化，其效果包括"垂直翻转""水平翻转""羽化边缘""自动重新构图"及"裁剪"等视频效果。

图5-39 选择"水平翻转"特效

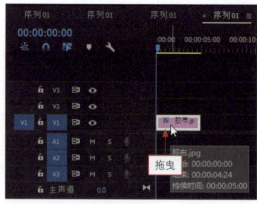
图5-40 拖曳"水平翻转"特效

 单击"播放-停止切换"按钮，预览视频效果，如图5-41所示。

图5-41 预览视频效果

 5.2.4 案例——制作高斯模糊特效

高斯模糊特效用于修改明暗分界点的差值，以产生模糊效果，下面介绍高斯模糊特效的制作方法。

 按【Ctrl+O】组合键，打开项目文件"素材\第5章\信手涂鸦.prproj"，如图5-42所示。

在"效果"面板中依次选择"模糊与锐化"|"高斯模糊"特效，如图5-43所示，并将其拖曳至V1轨道素材上。

图5-42 打开项目文件

图5-43 选择"高斯模糊"特效

96

STEP 03 展开"效果控件"面板,设置"模糊度"为20.0,如图5-44所示。

STEP 04 执行上述操作后,即可添加高斯模糊视频效果,预览视频效果,如图5-45所示。

图5-44 设置参数值　　　　　　　　　　图5-45 预览视频效果

5.2.5 案例——制作镜头光晕特效

镜头光晕特效用于修改明暗分界点的差值,以产生模糊效果,下面介绍镜头光晕特效的制作方法。

STEP 01 按【Ctrl+O】组合键,打开项目文件"素材\第5章\海中帆船.prproj",如图5-46所示。

STEP 02 在"效果"面板中展开"视频效果"|"生成"选项,在其中选择"镜头光晕"特效,如图5-47所示,将其拖曳至V1轨道上。

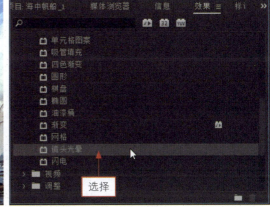

图5-46 打开项目文件　　　　　　　　　图5-47 选择"镜头光晕"特效

STEP 03 展开"效果控件"面板,设置"光晕中心"为(600.0,500.0)、"光晕亮度"为136%,如图5-48所示。

STEP 04 执行上述操作后,即可添加"镜头光晕"视频效果,预览视频效果,如图5-49所示。

图5-48 设置参数值　　　　　　　　图5-49 预览视频效果

▶ 专家指点

在Premiere Pro 2020中，"生成"列表框中的视频效果主要用于在素材上创建具有特色的图形或渐变颜色，并可以与素材合成。

5.2.6 案例——制作湍流置换特效

湍流置换特效用于使视频形成波浪式的变形效果，下面将介绍添加湍流置换特效的操作方法。

STEP 01 按【Ctrl+O】组合键，打开项目文件"素材\第5章\万圣节.prproj"，如图5-50所示。

STEP 02 在"效果"面板中展开"视频效果"|"扭曲"选项，在其中选择"湍流置换"特效，如图5-51所示，并将其拖曳至V1轨道上。

图5-40 打开项目文件　　　　　　　图5-51 选择"湍流置换"特效

STEP 03 展开"效果控件"面板，设置"大小"为85.0，如图5-52所示。

STEP 04 执行上述操作后，即可添加"湍流置换"视频效果，预览视频效果，如图5-53所示。

第 5 章　精彩视频效果的制作

图 5-52　设置参数值

图 5-53　预览视频效果

5.2.7　案例——制作纯色合成特效

纯色合成特效用于将一种颜色与视频混合，下面介绍添加纯色合成特效的操作方法。

STEP 01 按【Ctrl + O】组合键，打开项目文件"素材\第5章\彼岸花.prproj"，如图5-54所示。

STEP 02 在"效果"面板中展开"视频效果"|"通道"选项，在其中选择"纯色合成"特效，如图5-55所示，并将其拖曳至V1轨道上。

图 5-54　打开项目文件

图 5-55　选择"纯色合成"特效

STEP 03 展开"效果控件"面板，依次单击"源不透明度"和"颜色"所对应的"切换动画"按钮，如图 5-56所示。

STEP 04 设置时间为00:00:03:00、"源不透明度"为50.0%、"颜色"RGB参数为（0，204，255），如图 5-57所示。

STEP 05 执行上述操作后，即可添加"纯色合成"特效，单击"播放-停止切换"按钮，预览视频效果，如图 5-58所示。

图5-56 单击"切换动画"按钮

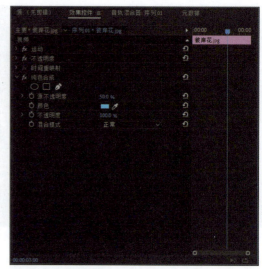

图5-57 设置参数值

图5-58 预览视频效果

5.2.8 案例——添加蒙尘与划痕特效

蒙尘与划痕特效用于产生一种朦胧的模糊效果,下面介绍添加蒙尘与划痕特效的操作方法。

 按【Ctrl + O】组合键,打开项目文件"素材\第5章\梦幻少女.prproj",如图5-59所示。

 在"杂色与颗粒"列表框中选择"蒙尘与划痕"特效,如图5-60所示,并将其拖曳至V1轨道上。

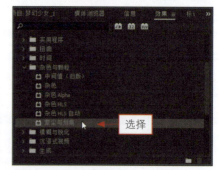

图5-59 打开项目文件　　　　图5-60 选择"蒙尘与划痕"特效

第5章　精彩视频效果的制作

STEP 03 展开"效果控件"面板，设置"半径"为5，如图5-61所示。

STEP 04 执行上述操作后，即可添加"蒙尘与划痕"效果，预览视频效果，如图5-62所示。

图5-61　设置参数值　　　　　　　　　　　图5-62　预览视频效果

5.2.9 案例——添加透视特效

透视特效主要用于在视频画面上添加透视效果。下面介绍添加透视特效的操作方法。

STEP 01 按【Ctrl+O】组合键，打开项目文件"素材\第5章\酒杯交错.prproj"，如图5-63所示。

STEP 02 打开项目文件后，在"节目监视器"面板中可以查看素材画面，如图5-64所示。

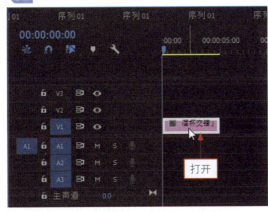

图5-63　打开项目文件　　　　　　　　　　图5-64　查看素材画面

在"透视"文件夹中，用户可以设置以下视频特效。

● 基本 3D："基本 3D"效果在 3D 空间中操控剪辑，可以围绕水平轴和垂直轴旋转视频，以及朝靠近或远离用户的方向移动剪辑，此外还可以创建镜面高光来表现由旋转表面反射的光感。

● 投影："投影"效果添加出现在剪辑后面的阴影中，投影的形状取决于剪辑的 Alpha 通道。

101

● **放射阴影**：在应用"放射阴影"效果的剪辑上创建来自点光源的阴影，而不是来自无限光源的阴影（如同投影效果）。此阴影是从源剪辑的 Alpha 通道投射的，因此在光透过半透明区域时，该剪辑的颜色可影响阴影的颜色。

● **斜角边**："斜角边"效果为视频边缘提供凿刻和光亮的 3D 外观，边缘位置取决于源视频的 Alpha 通道。与"斜面 Alpha"不同，在此效果中创建的边缘始终为矩形，因此具有非矩形 Alpha 通道的视频无法形成适当的外观。所有边缘具有同样的厚度。

● **斜面 Alpha**："斜面 Alpha"效果将斜缘和光添加到视频的 Alpha 边缘，通常可为 2D 元素呈现 3D 外观，如果剪辑没有 Alpha 通道或者剪辑完全不透明，则此效果将应用于剪辑的边缘。此效果所创建的边缘比"斜角边"效果创建的边缘柔和，此效果适用于包含 Alpha 通道的文本。

STEP 03 在"效果"面板中，❶ 依次展开"视频效果"|"透视"选项；❷ 在其中选择"基本3D"视频效果，如图5-65所示。

STEP 04 将"基本3D"特效拖曳至"时间轴"面板中的素材文件上，如图5-66所示，选择V1轨道上的素材。

图5-65　选择"基本3D"特效

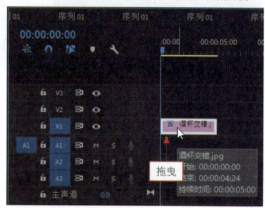

图5-66　拖曳"基本3D"特效

STEP 05 在"效果控件"面板中展开"基本3D"选项，如图5-67所示。

STEP 06 设置"旋转"选项为-100.0°，单击"旋转"选项左侧的"切换动画"按钮，如图5-68所示。

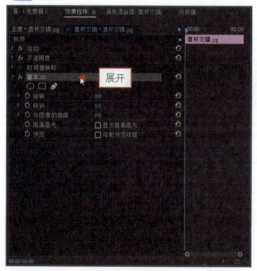

图5-67　展开"基本3D"选项

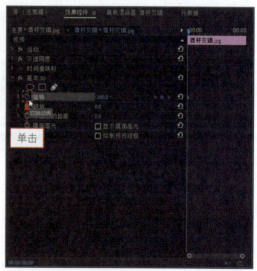

图5-68　单击"切换动画"按钮

STEP 07 ❶ 拖曳时间指示器至00:00:03:00位置；❷ 设置"旋转"为0.0°，如图5-69所示。

STEP 08 执行上述操作后，即可运用"基本3D"特效调整视频，如图5-70所示。

图5-69 设置"旋转"为0.0°

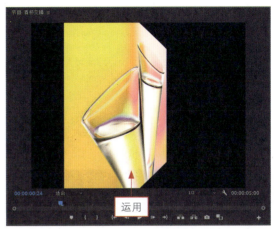
图5-70 运用"基本3D"特效调整视频

STEP 09 单击"播放-停止切换"按钮，预览视频效果，如图5-71所示。

图5-71 预览视频效果

 专家指点

在"效果控件"面板的"基本 3D"选项区中，用户可以设置以下选项。

● 旋转：控制水平旋转（围绕垂直轴旋转）。可以旋转 90°以上来查看视频的背面（是前方的镜像视频）。

● 倾斜：控制垂直旋转（围绕水平轴旋转）。

● 与图像的距离：指定视频离观看者的距离。随着距离变大，视频会后退。

● 镜面高光：添加闪光来反射所旋转视频的表面，就像在表面上方有一盏灯照亮。在选择"绘制预览线框"的情况下，如果镜面高光在剪辑上不可见（高光的中心与剪辑不相交），则以红色加号（+）作为指示；如果镜面高光可见，则以绿色加号（+）作为指示。镜面高光效果在节目监视器中变为可见之前，必须渲染一个预览。

● 预览：绘制 3D 视频的线框轮廓，线框轮廓可快速渲染。要查看最终结果，在完成操控线框视频时取消选中"绘制预览线框"复选框。

5.2.10 案例——添加时间码特效

时间码特效可以在视频画面中添加一个时间码，用以表示小时、分钟、秒和帧数。下面介绍具体的操作步骤。

STEP 01 按【Ctrl+O】组合键，打开项目文件"素材\第5章\感恩教师节.prproj"，如图5-72所示。

STEP 02 在"效果"面板中展开"视频效果"|"视频"选项，在其中选择"时间码"特效，如图5-73所示，将其拖曳至V1轨道上。

> **专家指点**
>
> 后期工作中，正确地使用时间码可以高效地同步并合并视频及声音文件，节省时间。一般来说，时间码是一系列数字，通过定时系统形成控制序列，而且无论这个定时系统是集成在了视频音频还是其他装置中，尤其是在视频项目中，时间码可以加到录制中，帮助实现同步、文件组织和搜索等。

图5-72 打开项目文件

图5-73 选择"时间码"特效

STEP 03 展开"效果控件"面板，设置"位置"为（399.0，50.0），如图5-74所示。

STEP 04 执行上述操作后，即可添加"时间码"特效，单击"播放-停止切换"按钮，即可预览视频效果，如图5-75所示。

图5-74 设置参数值

图5-75 预览视频效果

第6章　编辑与设置影视字幕

字幕是影视作品中的重要组成部分，漂亮的字幕设计可以使影片更具有吸引力和感染力，Premiere Pro 2020具有高质量的字幕功能，能够让用户使用起来更加得心应手。本章将向读者详细介绍编辑与设置影视字幕的操作方法。

本章重点

- 了解字幕简介和面板
- 了解"字幕属性"面板
- 了解字幕运动特效
- 创建字幕遮罩动画

6.1　了解字幕简介和面板

字幕是以各种字体、样式和动画等形式出现在画面中的文字总称。在现代影片中，字幕的应用越来越频繁，这些精美的标题字幕不仅可以为影片增色，还能够很好地向观众传递影片信息或制作理念。Premiere Pro 2020 提供了便捷的字幕编辑功能，可以使用户在短时间内制作出专业的标题字幕。

6.1.1　标题字幕简介

字幕可以以各种字体、样式和动画等形式出现在影视画面中，如电视或电影的片头、演员表、对白及片尾字幕等，字幕设计与书写是影视造型的艺术手段之一。通过实例学习创建字幕之前，首先了解一下制作的标题字幕效果，如图6-1所示。

图6-1　制作的标题字幕效果

6.1.2 字幕属性面板

在"效果控件"面板中展开"源文本"属性面板,如图6-2[①]所示,可以设置字幕"字体样式""字体大小""基线位移""填充""描边""阴影""位置""缩放""旋转"及"对齐方式"等属性,熟悉这些设置对制作标题字幕有事半功倍的效果。

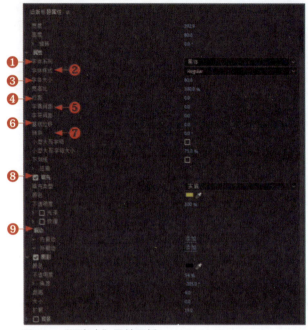

图6-2 "源文本"属性面板

❶ **字体系列**:单击"字体系列"右侧的下列按钮,在弹出的下拉列表框中选择所需要的字体。

❷ **字体样式**:用于调整当前选择的文本字体样式。

❸ **字体大小**:用于设置当前选择的文本字体大小。

❹ **行距**:用于设置文本中行与行之间的距离,数值越大,行距越大。

❺ **字偶间距**:用于设置文本的字距,数值越大,文字的距离越大。

❻ **基线位移**:在保持文字行距和大小不变的情况下,改变文本在文字块内的位置,或将文本更远地偏离路径。

❼ **倾斜**:用于调整文本的位置角度。

❽ **填充**:单击颜色色块可以调整文本的颜色,单击右侧的吸管图标可以吸取相应的颜色更改字幕文本的颜色。

❾ **描边**:可以为字幕添加描边效果。

6.1.3 字幕样式

字幕样式的添加能够帮助用户快速设置字幕的属性,从而获得精美的字幕效果。

Premiere Pro 2020为用户提供了大量的字幕样式,如图6-3所示。同样,用户也可以自己创建字幕,

---

① 软件图"下划线"的正确写法应为"下画线"。

第6章　编辑与设置影视字幕

单击面板右上方的按钮 弹出列表框，选择"保存样式库"选项即可，如图6-4所示。

 专家指点

根据字体类型的不同，某些字体拥有多种不同的形态效果，而"字体样式"选项便用于指定当前所要显示的字体形态。

图6-3　字幕样式　　　　　　　图6-4　选择"保存样式库"选项

6.1.4　案例——水平字幕的创建

水平字幕是指沿水平方向进行分布的字幕类型。用户可以使用字幕工具中的"文字工具"进行创建。

STEP 01 按【Ctrl+O】组合键，打开项目文件"素材\第6章\美丽花朵.prproj"，如图6-5所示。

STEP 02 单击"文件"|"新建"|"旧版标题"命令，如图6-6所示。

图6-5　打开项目文件　　　　　　　图6-6　单击"旧版标题"命令

 专家指点

"字幕"面板的主要功能是创建和编辑字幕，并可以直观地预览字幕应用到视频影片中的效果。"字幕"面板由属性栏和编辑窗口两部分组成，其中编辑窗口是用户创建和编辑字幕的场所，在编辑完成后可以通过属性栏改变字体和字体样式。

107

STEP 03 弹出"新建字幕"对话框,设置"名称"为"字幕01",如图6-7所示。

STEP 04 单击"确定"按钮,打开字幕编辑窗口,选择文字工具 T,如图6-8所示。

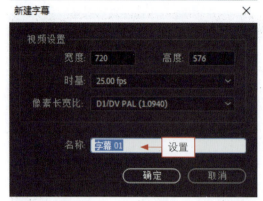

图6-7 设置名称

图6-8 选择文字工具

STEP 05 在工作区中的合适位置输入文字为"小黄花",设置"填充颜色"为白色、"字体大小"为100.0,如图6-9所示。

STEP 06 关闭字幕编辑窗口,在"项目"面板中将会显示新创建的字幕,如图6-10所示。

图6-9 输入文字

图6-10 显示新创建的字幕

STEP 07 将新创建的字幕拖曳至"时间轴"面板的V2轨道上,调整控制条大小,如图6-11所示。

STEP 08 执行上述操作后,即可创建水平字幕,预览新创建的字幕效果,如图6-12所示。

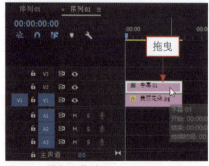

图6-11 添加字幕效果

图6-12 预览字幕效果

第6章 编辑与设置影视字幕

专家指点

打开字幕文件与导入素材文件的方法一样，具体方法是：单击"文件"|"导入"命令，在弹出的"导入"对话框中选择合适的字幕文件，单击"打开"按钮即可。还可以运用【Ctrl + I】组合键来打开字幕。

 案例——垂直字幕的创建

用户在了解如何创建水平文本字幕后，创建垂直文本字幕的方法就变得十分简单了。下面将介绍创建垂直字幕的操作方法。

STEP 01 按【Ctrl + O】组合键，打开项目文件 "素材\第6章\山间美景.prproj"，如图6-13所示，单击"文件"|"新建"|"字幕"命令，新建一个字幕文件。

STEP 02 在字幕编辑窗口中，选择垂直文字工具，在工作区中的合适位置输入相应的文字，如图6-14所示。

图6-13 打开项目文件　　　　　　　　　　图6-14 输入文字

STEP 03 在"字幕属性"面板中，设置"字体系列"为隶书、"字体大小"为50.0、"字偶间距"为10.0、"颜色"为红色（RGB为167，0，0），如图6-15所示。

STEP 04 关闭字幕编辑窗口，将新创建的字幕拖曳至"时间轴"面板的V2轨道上，调整控制条的长度，即可创建垂直字幕，效果如图6-16所示。

图6-15 设置参数值　　　　　　　　　　图6-16 创建垂直字幕后的效果

专家指点

在字幕编辑窗口中创建字幕时,工作区中有两个线框,外侧的线框以内为动作安全区;内侧的线框以内为标题安全区,在创建字幕时,字幕不能超过相应范围,否则在导出影片时将不能显示字幕。

案例——创建多个字幕文本

在Premiere Pro 2020中,除了可以创建单排标题字幕文本,还可以创建多个字幕文本,使影视文件内容更加丰富。

STEP 01 按【Ctrl+O】组合键,打开项目文件 "素材\第6章\蒲公英.prproj",如图6-17所示。

STEP 02 选择"工具箱"中的"文字工具",在编辑窗口中的合适位置单击,并在文本框中输入标题字幕,如图6-18所示。

图6-17 打开项目文件

图6-18 输入标题字幕

STEP 03 用同样的方法,在窗口中的合适位置再次单击,并在文本框中输入相应的字幕内容,如图6-19所示。

STEP 04 输入完成后,即可完成多个字幕文本的创建,如图6-20所示,执行上述操作后,即可导出字幕文件。

图6-19 输入字幕内容

图6-20 完成多个字幕文本的创建

第6章　编辑与设置影视字幕

6.1.7 案例——字幕的导出

为了让用户更加方便地创建字幕，系统允许用户将设置好的字幕导出到字幕样式库中，这样可以方便用户随时调用字幕。

STEP 01 按【Ctrl+O】组合键，打开项目文件的"素材\第6章\环保.prproj"文件，如图6-21所示。

STEP 02 在"项目"面板中选择字幕文件如图6-22所示。

图6-21　打开项目文件　　　　　　　　图6-22　选择字幕文件

STEP 03 单击"文件"|"导出"|"媒体"命令，如图6-23所示。

STEP 04 弹出"保存字幕"对话框，设置文件名和保存路径，单击"导出"按钮，如图6-24所示，执行上述操作后，即可导出字幕文件。

图6-23　单击"媒体"命令　　　　　　　图6-24　导出字幕文件

6.2 了解"字幕属性"面板

"字幕属性"面板位于"字幕编辑"面板的右侧，系统将其分为"变换""填充""描边"及"阴影"等属性类型，下面对各选项区进行详细介绍。

111

6.2.1 "变换"选项区

"变换"选项区主要用于控制字幕的"不透明度""X/Y位置""宽度/高度"及"旋转"等属性。

单击"变换"选项左侧的下拉按钮展开该选项,其中各参数如图6-25所示。

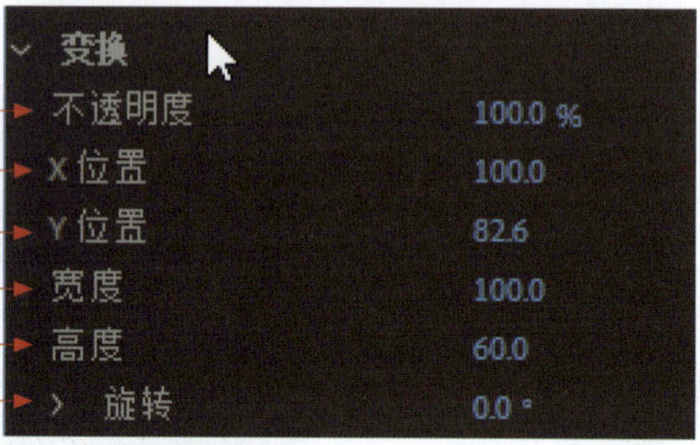

图6-25 "变换"选项区

❶ **不透明度**:用于设置字幕的透明度。

❷ **X位置**:用于设置字幕在 X 轴的位置。

❸ **Y位置**:用于设置字幕在 Y 轴的位置。

❹ **宽度**:用于设置字幕的宽度。

❺ **高度**:用于设置字幕的高度。

❻ **旋转**:用于设置字幕的旋转角度。

6.2.2 "填充"选项区

"填充"效果是一个可选属性效果,因此,当用户关闭字幕的"填充"属性后,必须通过其他方式将字幕元素呈现在画面中。

"填充"选项区主要用于控制字幕的"填充类型""颜色""不透明度"及为字幕添加"纹理"和"光泽"属性,如图6-26所示。

图6-26 "填充"选项区

❶ **填充类型**:单击"填充类型"右侧的下拉按钮,在弹出的列表框中选择不同的选项,可以制作出不同的填充效果。

❷ **颜色**:单击其右侧的颜色色块,可以调整文本的颜色。

③ **不透明度**：用于调整文本颜色的透明度。

④ **光泽**：选中该复选框，单击其左侧的 按钮展开具体的"光泽"参数设置，可以在文本上加入光泽效果。

⑤ **纹理**：选中该复选框，单击其左侧的 按钮展开具体的"纹理"参数设置，可以对文本进行纹理贴图方面的设置，从而使字幕更加生动美观。

6.2.3 "描边"选项区

"描边"选项区中可以为字幕添加描边效果，下面介绍"描边"选项区的相关基础知识。

在Premiere Pro 2020中，系统将描边分为"内描边"和"外描边"两种类型，单击"描边"选项左侧的下拉按钮展开该选项，然后再展开其中相应的选项，如图6-27所示。

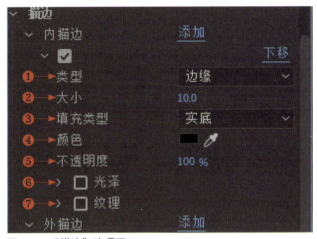

图6-27 "描边"选项区

❶ **类型**：单击"类型"右侧的下拉按钮弹出下拉列表，该列表中包括"边缘""凸出"和"凹进"3个选项。

❷ **大小**：用于设置轮廓线的大小。

❸ **填充类型**：用于设置轮廓的填充类型。

❹ **颜色**：单击右侧的颜色色块，可以改变轮廓线的颜色。

❺ **不透明度**：用于设置文本轮廓的透明度。

❻ **光泽**：选中该复选框，可为轮廓线加入光泽效果。

❼ **纹理**：选中该复选框，可为轮廓线加入纹理效果。

6.2.4 "阴影"选项区

"阴影"选项区可以为字幕设置阴影属性，该选项区是一个可选效果，用户只有在选中"阴影"复选框后，才可以添加阴影效果。选中"阴影"复选框，将激活"阴影"选项区中的各参数，如图6-28所示。

图6-28 "阴影"选项区

❶ **颜色**：用于设置阴影的颜色。

❷ **不透明度**：用于设置阴影的透明度。

❸ **角度**：用于设置阴影的角度。

❹ **距离**：用于调整阴影和文字的距离，其数值越大，阴影与文字的距离越远。

❺ **大小**：用于放大或缩小阴影的尺寸。

❻ **扩展**：为阴影效果添加羽化并产生扩散效果。

6.3 了解字幕运动特效

在影片中字幕是重要的组成部分，字幕不仅可以传达画面以外的文字信息，还可以有效帮助观众理解影片。在Premiere Pro 2020中，字幕被分为"静态字幕"和"动态字幕"两大类型。通过前面章节的学习，用户已经可以轻松创建出静态字幕及静态的复杂图形。本节将介绍如何在Premiere Pro 2020中创建动态字幕。

6.3.1 字幕运动原理

字幕的运动是通过关键帧实现的，为对象指定的关键帧越多，所产生的运动变化越复杂。在Premiere Pro 2020中，可以通过关键帧对不同的时间点来引导目标运动、缩放、旋转等，并在计算机中随着时间点的变化而发生变化，如图6-29所示。

图6-29 字幕运动原理

图6-29 字幕运动原理（续）

6.3.2 "运动"面板

Premiere Pro 2020的字幕运动设置是通过"效果控件"来实现的，当用户将素材拖曳至视频轨道后，用户可以切换到"效果控件"面板，此时可以看到Premiere Pro 2020的"运动"设置面板。为了使文字在画面中运动，用户必须为字幕添加关键帧，然后通过设置字幕的关键帧得到一个运动的字幕效果，如图6-30所示。

图6-30 设置关键帧

在Premiere Pro 2020中，用户在制作动态字幕时，在"效果控件"面板中除了添加"运动"特效的关键帧，还可以添加"缩放"、"旋转"和"不透明度"等选项的关键帧，添加完成后，用户通过设置关键帧的各项参数，即可制作出更具有丰富动态、生动有趣的字幕效果文件。

6.4 创建字幕遮罩动画

随着动态视频的发展，动态字幕的应用也越来越频繁了，这些精美的字幕特效不仅能够点明影视视频的主题，让影片更加生动且具有感染力，还能够为观众传递一种艺术信息。在Premiere Pro 2020中，通过蒙版工具可以创建字幕的遮罩动画效果，本节主要介绍创建字幕遮罩动画的制作方法。

6.4.1 创建椭圆形蒙版动画

在Premiere Pro 2020中使用"创建椭圆形蒙版"工具，可以为字幕创建椭圆形遮罩动画效果。

STEP 01 按【Ctrl+O】组合键，打开项目文件"素材\第6章\夏日特价.prproj"，如图6-31所示。

STEP 02 打开项目文件后，在"节目监视器"面板中可以查看素材画面，如图6-32所示。

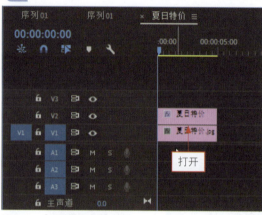

图6-31 打开项目文件

图6-32 查看素材画面

STEP 03 在"时间轴"面板中选择字幕文件，如图6-33所示。

STEP 04 ❶ 切换至"效果控件"面板；❷ 在"文本"选项区下方单击"创建椭圆形蒙版"按钮，如图6-34所示。

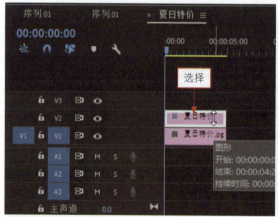

图6-33 选择字幕文件

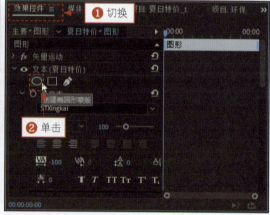

图6-34 单击相应按钮

第6章 编辑与设置影视字幕

STEP 05 执行上述操作后,在"节目监视器"面板中会出现一个椭圆图形,如图6-35所示。

STEP 06 单击并拖曳该图形至字幕文件位置,如图6-36所示。

图6-35 "节目监视器"面板

图6-36 拖曳图形至字幕文件位置

STEP 07 在"效果控件"面板中的"文本"选项区下方,❶ 单击"蒙版扩展"左侧的"切换动画"按钮;❷ 在视频的开始处添加一个关键帧,如图6-37所示。

STEP 08 添加完成后,在"蒙版扩展"右侧的数值文本框中,设置"蒙版扩展"参数为-100,如图6-38所示。

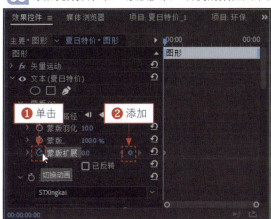
图6-37 单击"切换动画"按钮并添加关键帧

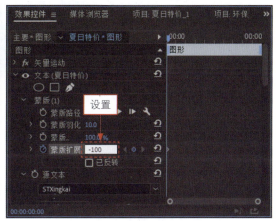
图6-38 设置"蒙版扩展"参数

STEP 09 设置完成后,将时间线切换至00:00:04:00处,如图6-39所示。

STEP 10 在"蒙版扩展"右侧单击"添加/移除关键帧"按钮再次添加一个关键帧,如图6-40所示。

STEP 11 添加完成后,设置"蒙版扩展"参数为50,如图6-41所示。

STEP 12 执行上述操作后,即可完成椭圆形蒙版动画的设置,如图6-42所示。

STEP 13 在"节目监视器"面板中单击"播放-停止切换"按钮,预览素材画面,如图6-43所示。

图6-39 切换时间线

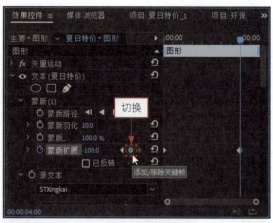
图6-40 单击"添加/移除关键帧"按钮

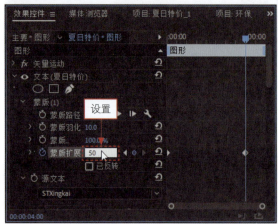
图6-41 设置相应参数

图6-42 完成椭圆形蒙版动画的设置

图6-43 预览素材画面

6.4.2 创建4点多边形蒙版动画

用户在了解了如何创建椭圆形蒙版动画后,创建4点多边形蒙版动画就变得十分简单了。下面将介绍创建4点多边形蒙版动画的操作方法。

第6章 编辑与设置影视字幕

STEP 01 按【Ctrl+O】组合键，打开项目文件"素材\第6章\翡翠项链.prproj"，如图6-44所示。

STEP 02 打开项目文件后，在"节目监视器"面板中可以查看素材画面，如图6-45所示。

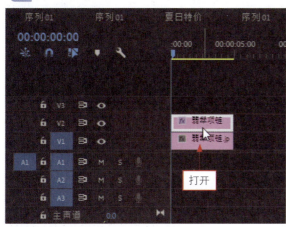
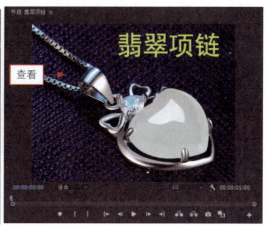

图6-44 打开项目文件　　　　　　　　　　图6-45 查看素材画面

STEP 03 在"时间轴"面板中选择字幕文件，如图6-46所示。

STEP 04 ❶切换至"效果控件"面板；❷在"文本"选项区下方单击"创建4点多边形蒙版"按钮，如图6-47所示。

图6-46 选择字幕文件　　　　　　　　　　图6-47 单击相应按钮

STEP 05 执行上述操作后，在"节目监视器"面板中会出现一个矩形图形，如图6-48所示。

STEP 06 单击并拖曳该图形至字幕文件位置，如图6-49所示。

STEP 07 在"效果控件"面板中的"文本"选项区下方，❶单击"蒙版扩展"左侧的"切换动画"按钮，❷在视频的开始处添加一个关键帧，如图6-50所示。

STEP 08 添加完成后，在"蒙版扩展"右侧的数值文本框中设置"蒙版扩展"参数为180.0，如图6-51所示。

119

图6-48 "节目监视器"面板

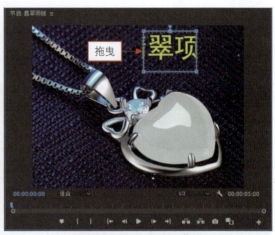
图6-49 拖曳矩形图形至字幕文件位置

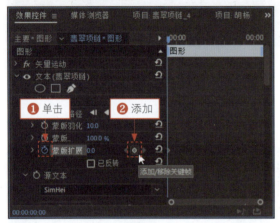
图6-50 单击"切换动画"按钮

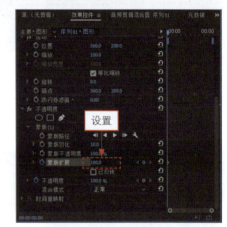
图6-51 设置"蒙版扩展"参数

STEP 09 设置完成后,将时间线切换至00:00:02:00处,如图6-52所示。

STEP 10 在"蒙版扩展"右侧单击"添加/移除关键帧"按钮再次添加一个关键帧,如图6-53所示。

图6-52 切换时间线

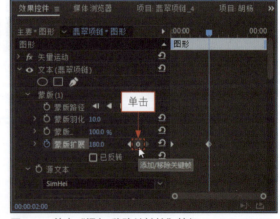
图6-53 单击"添加/移除关键帧"按钮

STEP 11 添加完成后,设置"蒙版扩展"参数为-50,如图6-54所示。

STEP 12 用相同的方法,❶ 在00:00:04:00处再次添加一个关键帧;❷ 设置参数为180.0,完成4点多边形蒙版动画的设置,如图6-55所示。

STEP 13 在"节目监视器"面板中单击"播放-停止切换"按钮,即可预览素材画面,如图6-56所示。

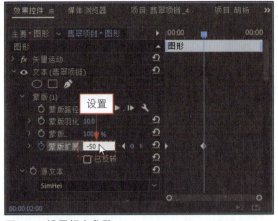
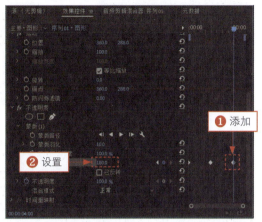

图6-54 设置相应参数　　　　　　　　　　图6-55 设置参数为180

图6-56 预览素材画面

6.4.3 创建自由曲线蒙版动画

在Premiere Pro 2020中,除了可以创建椭圆形蒙版动画和4点多边形蒙版动画,还可以创建自由曲线蒙版动画,使影视文件内容更加丰富。

STEP 01 按【Ctrl + O】组合键,打开项目文件"素材\第6章\冬季礼品.prproj",如图6-57所示。

STEP 02 打开项目文件后,在"节目监视器"面板中可以查看素材画面,如图6-58所示。

STEP 03 在"时间轴"面板中选择字幕文件,如图6-59所示。

STEP 04 ❶ 切换至"效果控件"面板;❷ 在"文本"选项区单击"自由绘制贝塞尔曲线"按钮,如图6-60所示。

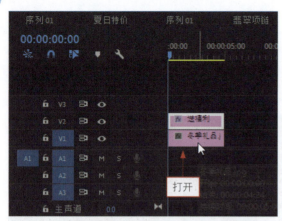

图6-57 打开项目文件

图6-58 查看素材画面

图6-59 选择字幕文件

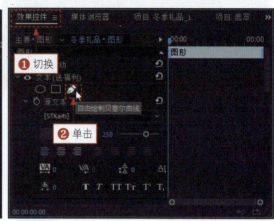

图6-60 单击相应按钮

STEP 05 执行上述操作后,在"节目监视器"面板中的字幕文件四周单击,画面中会出现点线相连的曲线,如图6-61所示。

STEP 06 围绕字幕文件四周继续单击,完成自由曲线蒙版的绘制,如图6-62所示。

图6-61 出现点线相连的曲线

图6-62 完成自由曲线蒙版的绘制

第6章 编辑与设置影视字幕

STEP 07 在"效果控件"面板中的"文本"选项区下方，❶ 单击"蒙版扩展"左侧的"切换动画"按钮；❷ 在视频的开始处添加一个关键帧，如图6-63所示。

STEP 08 添加完成后，在"蒙版扩展"右侧的数值文本框中设置"蒙版扩展"参数为-150，如图6-64所示。

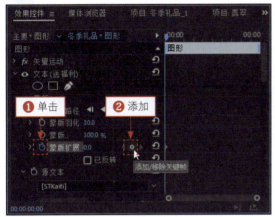
图6-63 单击"切换动画"按钮

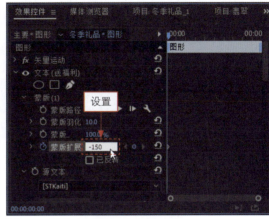
图6-64 设置"蒙版扩展"参数

STEP 09 设置完成后，将时间线切换至00:00:04:00处，如图6-65所示。

STEP 10 在"蒙版扩展"右侧单击"添加/移除关键帧"按钮再次添加一个关键帧，如图6-66所示。

图6-65 切换时间线

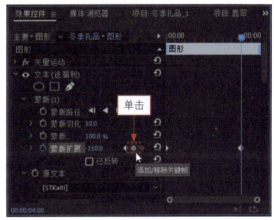
图6-66 单击"添加/移除关键帧"按钮

STEP 11 添加完成后，设置"蒙版扩展"参数为0，如图6-67所示。

STEP 12 执行上述操作后，即可完成自由曲线蒙版动画的设置，如图6-68所示。

STEP 13 单击"播放-停止切换"按钮，可以预览素材画面，如图6-69所示。

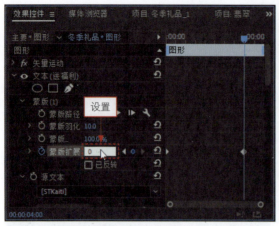
图6-67 设置相应参数

图6-68 完成自由曲线蒙版动画的设置

图6-69 预览素材画面

第7章 创建与制作字幕特效

各种影视画面中，字幕是不可缺少的一个重要组成部分，字幕起着解释画面、补充内容的作用，有画龙点睛之效。Premiere Pro 2020不仅可以制作静态的字幕，也可以制作动态的字幕。本章将向读者详细介绍创建与制作字幕特效的操作方法。

本章重点

设置标题字幕的属性
设置字幕的填充效果
制作精彩的字幕效果

7.1 设置标题字幕的属性

为了让字幕的整体效果更具有吸引力和感染力，需要用户对字幕属性进行精心调整，本节将介绍字幕属性的作用与调整的技巧。

设置字幕样式

字幕样式是Premiere Pro 2020为用户预设的字幕属性设置方案，让用户能够快速设置字幕的属性，下面介绍设置字幕样式的操作方法。

STEP 01 按【Ctrl+O】组合键，打开项目文件"素材\第7章\蛋糕.prproj"，如图7-1所示。

STEP 02 在"项目"面板上双击字幕文件，如图7-2所示。

图7-1 打开项目文件　　图7-2 双击字幕文件

STEP 03 打开字幕编辑窗口，然后在"字幕样式"面板中选择合适的字幕样式，如图7-3所示。

STEP 04 执行上述操作后，即可应用字幕样式，其图像效果如图7-4所示。

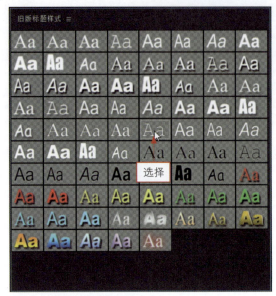

图7-3 选择合适的字幕样式

图7-4 应用字幕样式后的效果

变换字幕特效

在Premiere Pro 2020中，设置字幕变换效果可以对文本或图形的透明度和位置等参数进行设置，下面介绍变换字幕特效的操作方法。

STEP 01 按【Ctrl+O】组合键，打开项目文件"素材\第7章\鱼缸.prproj"，如图7-5所示。

STEP 02 在"时间轴"面板的V2轨道中双击字幕文件，如图7-6所示。

图7-5 打开项目文件

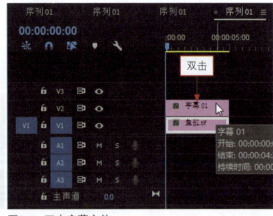

图7-6 双击字幕文件

STEP 03 打开字幕编辑窗口，在"变换"选项区中设置"X位置"为524.0、"Y位置"为85.9，如图7-7所示。

STEP 04 执行上述操作后，即可设置变换效果，其图像效果如图7-8所示。

第7章 创建与制作字幕特效

图7-7 设置参数值

图7-8 设置变换后的效果

设置字幕间距

字幕间距主要是指文字之间的间隔距离，下面介绍在Premiere Pro 2020字幕窗口中设置字幕间距的操作方法。

 按【Ctrl + O】组合键，打开项目文件"素材\第7章\闪亮.prproj"，如图7-9所示。

 在"时间轴"面板的V2轨道中双击字幕文件，如图7-10所示。

图7-9 打开项目文件

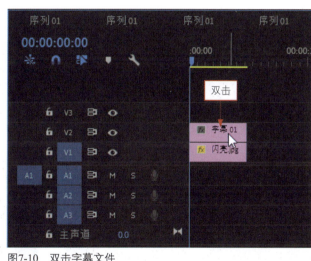

图7-10 双击字幕文件

STEP 03 打开字幕编辑窗口，在"属性"选项区中设置"字偶间距"为20.0，如图7-11所示。

STEP 04 执行上述操作后，即可修改字幕的间距，其图像效果如图7-12所示。

127

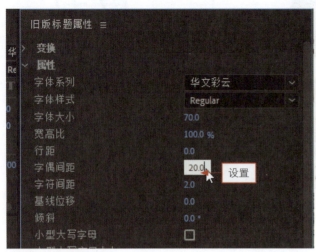

图7-11 设置参数值　　　　　　　　　　　　　　图7-12 视频效果

 设置字体属性

在"属性"选项区中可以重新设置字幕的字体，下面介绍设置字体属性的操作方法。

STEP 01 按【Ctrl + O】组合键，打开项目文件"素材\第7章\烟花璀璨.prproj"，如图7-13所示。

STEP 02 在"项目"面板上双击字幕文件，如图7-14所示。

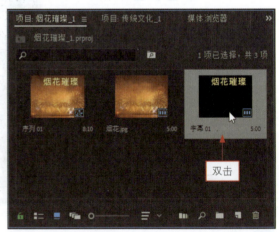

图7-13 打开项目文件　　　　　　　　　　　　　图7-14 双击字幕文件

STEP 03 打开字幕编辑窗口，在"属性"选项区中设置"字体系列"为"华文彩云"、"字体大小"为110.0，如图7-15所示。

STEP 04 执行上述操作后，即可设置字体属性，其图像效果如图7-16所示。

第7章　创建与制作字幕特效

图7-15　设置各参数

图7-16　设置字体属性后的效果

　旋转字幕角度

在Premiere Pro 2020中创建字幕对象后，可以将创建的字幕进行旋转操作，能够得到更好的字幕效果，下面介绍旋转字幕角度的操作方法。

STEP 01 按【Ctrl＋O】组合键，打开项目文件"素材\第7章\彩色世界.prproj"，如图7-17所示。

STEP 02 在"项目"面板上双击字幕文件，如图7-18所示。

图7-17　打开项目文件

图7-18　双击字幕文件

STEP 03 打开字幕编辑窗口，在"字幕属性"面板的"变换"选项区中设置"旋转"为340.0°，如图7-19所示。

STEP 04 执行上述操作后，即可旋转字幕角度，在"节目监视器"面板中预览旋转字幕角度后的效果，如图7-20所示。

129

图7-19　设置参数值

图7-20　预览旋转字幕角度后的效果

7.1.6　设置字幕大小

如果字幕中的字体太小，则可以对其进行设置，下面介绍设置字幕大小的操作方法。

STEP 01　按【Ctrl+O】组合键，打开项目文件"素材\第7章\春语.prproj"，如图7-21所示。

STEP 03　打开字幕编辑窗口，在"属性"选项区中设置"字体大小"为150.0，如图7-23所示。

图7-21　打开项目文件

STEP 02　在"项目"面板上双击字幕文件，如图7-22所示。

图7-23　设置参数值

STEP 04　执行上述操作后，即可设置字幕大小，在"节目监视器"面板中预览设置字幕大小后的图像效果，如图7-24所示。

图7-22　双击字幕文件

图7-24　预览设置字幕大小后的图像效果

第7章 创建与制作字幕特效

7.2 设置字幕的填充效果

在"填充"属性中除了可以为字幕添加"实色填充",还可以添加"线性渐变填充""放射性渐变"和"四色渐变"等复杂的色彩渐变填充效果,同时还提供了"光泽"与"纹理"字幕填充效果,本节将详细介绍设置字幕填充效果的操作方法。

7.2.1 设置实色填充

实色填充是指在字体内填充一种单独的颜色,下面介绍设置实色填充的操作方法。

STEP 01 按【Ctrl+O】组合键,打开项目文件"素材\第7章\蜡烛.prproj",如图7-25所示。

STEP 02 打开项目文件后,在"节目监视器"面板中可以查看素材画面,如图7-26所示。

图7-25 打开项目文件

图7-26 查看素材画面

STEP 03 单击"文件"|"新建"|"旧版标题"命令,如图7-27所示。

STEP 04 在弹出的"新建字幕"对话框中输入字幕的名称,单击"确定"按钮,如图7-28所示。

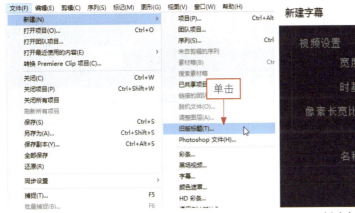

图7-27 单击"旧版标题"命令

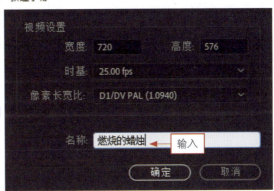

图7-28 新建字幕

131

> **专家指点**
>
> 在"字幕编辑"窗口中输入汉字时,有时会由于使用的字体样式不支持该文字,导致输入的汉字无法显示,此时用户可以选择输入的文字,将字体样式设置为常用的汉字字体,即可解决该问题。

STEP 05 打开"字幕编辑"窗口,选取工具箱中的文字工具 T,在绘图区中的合适位置单击,显示闪烁的光标,如图7-29所示。

STEP 06 输入文字"燃烧的蜡烛",选择输入的文字,如图7-30所示。

图7-29 显示闪烁的光标　　　　　　　　　图7-30 选择输入的文字

STEP 07 展开"属性"选项,单击"字体系列"右侧的下拉按钮,在弹出的列表框中选择"黑体"选项,如图7-31所示。

STEP 08 执行上述操作后,即可调整字幕的字体样式,设置"字体大小"为50.0,选中"填充"复选框,单击"颜色"选项右侧的色块,如图7-32所示。

图7-31 选择"黑体"选项　　　　　　　　图7-32 单击相应的色块

STEP 09 在弹出的"拾色器"对话框中设置颜色为黄色(RGB参数值分别为254、254、0),如图7-33所示。

STEP 10 单击"确定"按钮应用设置,在工作区中显示字幕效果,如图7-34所示。

STEP 11 单击"字幕编辑"窗口右上角的"关闭"按钮,关闭"字幕编辑"窗口,此时可以在"项目"面板中查看创建的字幕,如图7-35所示。

STEP 12 在字幕文件上单击并将其拖曳至"时间轴"面板的V2轨道中,如图7-36所示。

第7章 创建与制作字幕特效

图7-33 设置颜色

图7-34 显示字幕效果

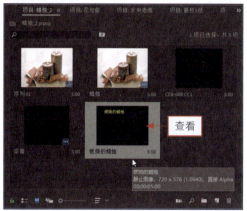

图7-35 查看创建的字幕

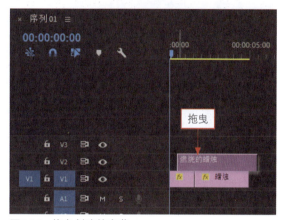

图7-36 拖曳创建的字幕

STEP 13 释放鼠标，即可将字幕文件添加到V2轨道，如图7-37所示。

STEP 14 单击"播放-停止切换"按钮，即可预览视频效果，如图7-38所示。

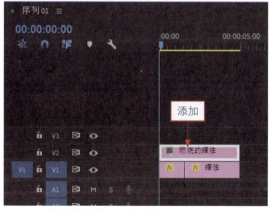

图7-37 将字幕文件添加到V2轨道

图7-38 预览视频效果

 专家指点

Premiere Pro 2020 软件会以从上至下的顺序渲染视频，如果将字幕文件添加到 V1 轨道，将影片素材文件添加到 V2 及以上的轨道，则将会导致渲染的影片素材挡住了字幕文件，使字幕无法显示。

133

7.2.2 设置渐变填充

渐变填充是指从一种颜色逐渐向另一种颜色过渡的一种填充方式,下面介绍设置渐变填充的操作方法。

STEP 01 按【Ctrl + O】组合键,打开项目文件"素材\第7章\水晶特效.prproj",如图7-39所示。

STEP 02 打开项目文件后,在"节目监视器"面板中可以查看素材画面,如图7-40所示。

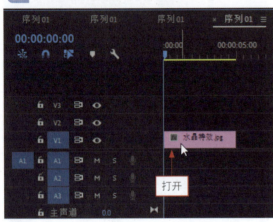

图7-39 打开项目文件   图7-40 查看素材画面

STEP 03 单击"文件|"新建"|"旧版标题"命令,在弹出的"新建字幕"对话框中设置"名称"为"字幕01",如图7-41所示。

STEP 04 单击"确定"按钮,打开"字幕编辑"窗口,选择工具箱中的文字工具,如图7-42所示。

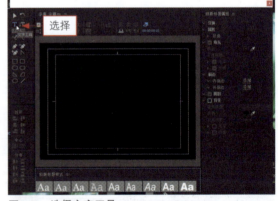

图7-41 设置字幕名称   图7-42 选择文字工具

STEP 05 在工作区中输入文字"爱心闪闪",单击选择输入的文字,如图7-43所示。

STEP 06 展开"变换"选项,设置"X位置"为221.7、"Y位置"为86.8;展开"属性"选项,设置"字体系列"为"华文新魏"、"字体大小"为80.0,如图7-44所示。

STEP 07 选中"填充"复选框,单击"填充类型"选项右侧的下拉按钮,在弹出的列表框中选择"径向渐变"选项,如图7-45所示。

第7章　创建与制作字幕特效

图7-43　选择输入的文字

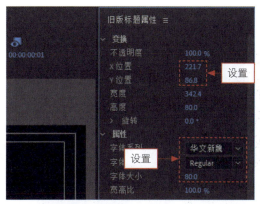

图7-44　设置相应的选项

STEP 08 选择"径向渐变"选项，双击"颜色"选项右侧的第1个色标，如图7-46所示。

图7-45　选择"径向渐变"选项

图7-46　双击第1个色标

STEP 09 在弹出的"拾色器"对话框中，设置第1个色标的颜色为绿色（RGB参数值分别为8、151、0），如图7-47所示。

STEP 10 单击"确定"按钮，返回"字幕编辑"窗口，双击"颜色"选项右侧的第2个色标，在弹出的"拾色器"对话框中设置第2个色标的颜色为蓝色（RGB参数值分别为0、88、162），如图7-48所示。

图7-47　设置第1个色标的颜色

图7-48　设置第2个色标的颜色

STEP 11 单击"确定"按钮，返回"字幕编辑"窗口，单击"外描边"选项右侧的"添加"链接，如图7-49所示。

135

STEP 12 选中"外描边"复选框,设置"大小"为5.0,如图7-50所示。

图7-49 单击"添加"链接

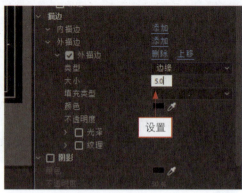

图7-50 设置"大小"参数

STEP 13 执行上述操作后,在工作区中显示字幕效果,如图7-51所示。

STEP 14 单击"字幕编辑"窗口右上角的"关闭"按钮,关闭"字幕编辑"窗口,此时可以在"项目"面板中查看创建的字幕,如图7-52所示。

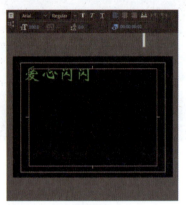

图7-51 显示字幕效果

图7-52 查看创建的字幕

STEP 15 在"项目"面板中选择字幕文件,将其添加到"时间轴"面板中的V2轨道上,如图7-53所示。

STEP 16 单击"播放-停止切换"按钮,预览视频效果,如图7-54所示。

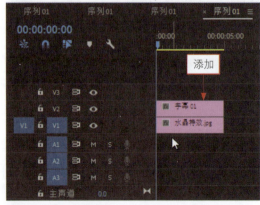

图7-53 添加字幕文件

图7-54 预览视频效果

第7章　创建与制作字幕特效

7.2.3　设置斜面填充

斜面填充是通过设置阴影色彩的方式模拟一种中间较亮、边缘较暗的三维浮雕填充效果，下面介绍设置斜面填充的操作方法。

STEP 01 按【Ctrl+O】组合键，打开项目文件"素材\第7章\影视频道.prproj"，如图7-55所示。

STEP 02 打开项目文件后，在"节目监视器"面板中可以查看素材画面，如图7-56所示。

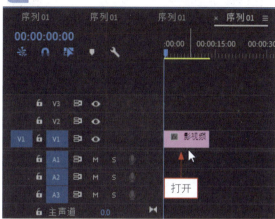
图7-55　打开项目文件

图7-56　查看素材画面

STEP 03 单击"文件"|"新建"|"旧版标题"命令，在弹出的"新建字幕"对话框中设置"名称"为"影视频道"，如图7-57所示。

STEP 04 单击"确定"按钮打开"字幕编辑"窗口，选择工具箱中的文字工具 T ，如图7-58所示。

STEP 05 在工作区中输入文字"影视频道"，选择输入的文字，如图7-59所示。

STEP 06 展开"属性"选项，单击"字体系列"右侧的下拉按钮，在弹出的列表框中选择"黑体"选项，如图7-60所示。

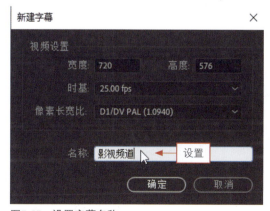
图7-57　设置字幕名称

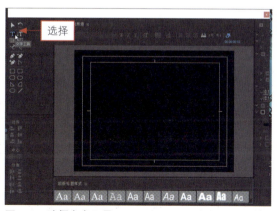
图7-58　选择文字工具

137

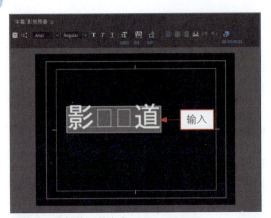

图7-59 选择输入的文字

图7-60 选择"黑体"选项

STEP 07 在"字幕属性"面板中展开"变换"选项，设置"X位置"为374.9、"Y位置"为285.0，如图7-61所示。

STEP 08 选中"填充"复选框，单击"填充类型"选项右侧的下拉按钮，在弹出的列表框中选择"斜面"选项，如图7-62所示。

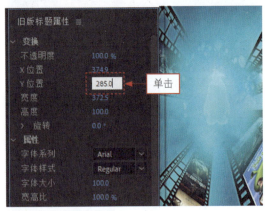

图7-61 设置相应选项

图7-62 选择"斜面"选项

STEP 09 显示"斜面"选项，单击"高光颜色"右侧的色块，如图7-63所示。

STEP 10 在弹出的"拾色器"对话框中设置颜色为黄色（RGB参数值分别为255、255、0），如图7-64所示，单击"确定"按钮应用设置。

图7-63 单击相应的色块

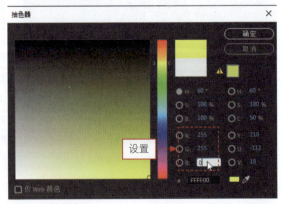

图7-64 设置颜色

第7章 创建与制作字幕特效

专家指点

字幕的填充特效还有"消除"与"重影"两种效果,"消除"效果用来暂时性地隐藏字幕,包括其字幕的阴影和描边效果;重影与消除拥有类似的功能,二者都可以隐藏字幕的效果,其区别在于"重影"只能隐藏字幕本身,无法隐藏阴影效果。

STEP 11 用同样的操作方法设置"阴影颜色"为红色(RGB参数值分别为255、0、0)、"平衡"为-27.0、"大小"为18.0,如图7-65所示。

STEP 12 执行上述操作后,在工作区中显示字幕效果,如图7-66所示。

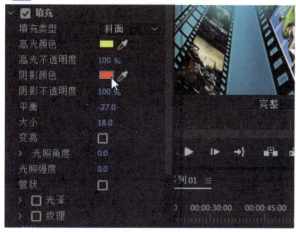

图7-65 设置"阴影颜色"为红色　　　　　　　　　图7-66 显示字幕效果

STEP 13 单击"字幕编辑"窗口右上角的"关闭"按钮,关闭"字幕编辑"窗口,在"项目"面板中选择创建的字幕,将其添加到"时间轴"面板中的V2轨道上,如图7-67所示。

STEP 14 单击"播放-停止切换"按钮,预览视频效果,如图7-68所示。

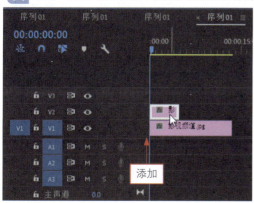

图7-67 添加字幕文件　　　　　　　　　　　　图7-68 预览视频效果

7.2.4 设置纹理填充

纹理效果的作用主要是为字幕设置背景纹理效果,纹理的文件可以是位图,也可以是矢量图,下面介绍设置纹理填充的操作方法。

STEP 01 按【Ctrl+O】组合键,打开项目文件"素材\第7章\命运之夜.prproj",在"项目"面板中选择字幕文件并双击,如图7-69所示。

STEP 02 打开"字幕编辑"窗口,在"填充"选项区中选中"纹理"复选框,单击"纹理"右侧的按钮,如图7-70所示。

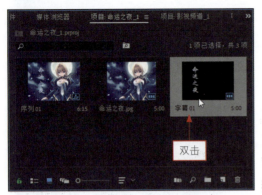

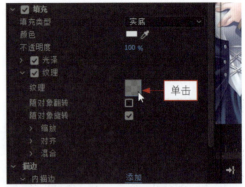

图7-69 双击字幕文件　　　　　　　　　　　图7-70 单击"纹理"右侧的按钮

STEP 03 弹出"选择纹理图像"对话框,选择合适的纹理素材,如图7-71所示。

STEP 04 单击"打开"按钮,即可设置纹理效果,其图像效果如图7-72所示。

图7-71 选择合适的纹理素材　　　　　　　　图7-72 设置纹理填充后的效果

7.2.5　设置描边与阴影效果

字幕的"描边"与"阴影"的主要作用是使字幕效果更加突出、醒目。因此,用户可以有选择性地添加或者删除字幕中的描边或阴影效果。

1. 内描边

"内描边"主要从字幕边缘向内进行扩展,这种描边效果可能会覆盖字幕的原有填充效果,因此,在设置时需要调整好各项参数才能制作出需要的效果,下面介绍具体操作方法。

STEP 01 按【Ctrl+O】组合键,打开项目文件"素材\第7章\成功起点.prproj",如图7-73所示。

STEP 02 在"时间轴"面板的V2轨道上双击字幕文件,如图7-74所示。

STEP 03 打开"字幕编辑"窗口,在"描边"选项区中单击"内描边"右侧的"添加"链接,添加一个"内描边"选项,如图7-75所示。

第7章 创建与制作字幕特效

图7-73 打开项目文件

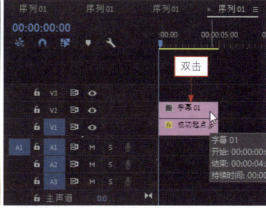

图7-74 双击字幕文件

STEP 04 在"内描边"选项区中，单击"类型"右侧的下拉按钮弹出列表框，在列表框中选择"深度"选项，如图7-76所示。

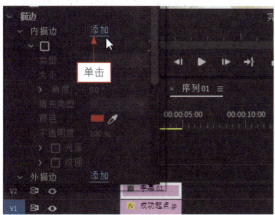

图7-75 添加"内描边"选项

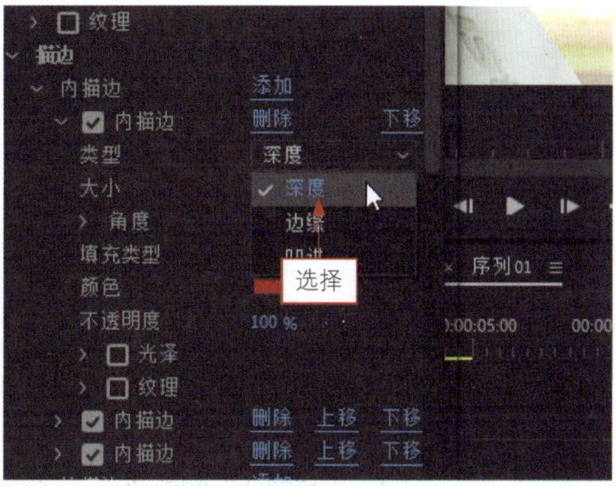

图7-76 选择"深度"选项

STEP 05 单击"颜色"右侧的颜色色块弹出"拾色器"对话框，设置RGB参数分别为199、1、19，如图7-77所示。

STEP 06 单击"确定"按钮返回"字幕编辑"窗口，即可设置"内描边"的描边效果，如图7-78所示。

图7-77 设置参数值

图7-78 设置"内描边"后的描边效果

141

2．外描边

"外描边"的描边效果与"内描边"正好相反,"外描边"是从字幕的边缘向外扩展,并增加字幕占据画面的范围,下面介绍具体操作方法。

STEP 01 按【Ctrl+O】组合键,打开项目文件"素材\第7章\倾国倾城.prproj",如图7-79所示。

STEP 02 在"时间轴"面板的V2轨道上双击字幕文件,如图7-80所示。

图7-79 打开项目文件

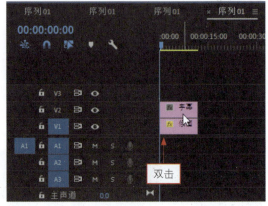

图7-80 双击字幕文件

STEP 03 打开"字幕编辑"窗口,在"描边"选项区中单击"外描边"右侧的"添加"链接,添加一个"外描边"选项,如图7-81所示。

STEP 04 在"外描边"选项区中,设置"类型"为"边缘"、"大小"为10.0,如图7-82所示。

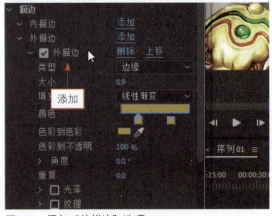

图7-81 添加"外描边"选项

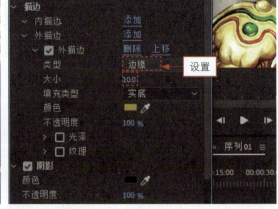

图7-82 设置参数

STEP 05 单击"颜色"右侧的颜色色块弹出"拾色器"对话框,设置RGB参数分别为90、46、26,如图7-83所示。

STEP 06 单击"确定"按钮返回"字幕编辑"窗口,即可设置"外描边"的描边效果,如图7-84所示。

3．阴影

由于"阴影"是可选效果,用户只有在选中"阴影"复选框的状态下,Premiere Pro 2020才会显示用户添加的字幕阴影效果,在添加字幕阴影效果后,可以对"阴影"选项区中各参数进行设置,以得到更好的阴影效果,下面介绍具体操作方法。

图7-83 设置参数值

图7-84 设置"外描边"后的效果

STEP 01 按【Ctrl+O】组合键,打开项目文件"素材\第8章\儿童乐园.prproj",如图7-85所示。

STEP 02 打开项目文件后,在"节目监视器"面板中可以查看素材画面,如图7-86所示。

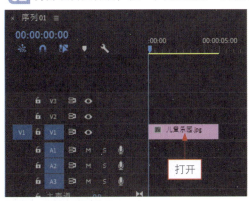

图7-85 打开项目文件

图7-86 查看素材画面

STEP 03 单击"文件"|"新建"|"旧版标题"命令,在弹出的"新建字幕"对话框中输入字幕名称,如图7-87所示。

STEP 04 单击"确定"按钮打开"字幕编辑"窗口,选择工具箱中的文字工具 T ,在工作区中的合适位置输入文字"儿童乐园",选择输入的文字,如图7-88所示。

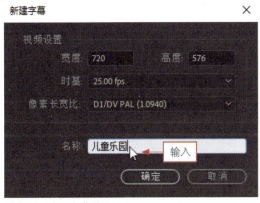

图7-87 输入字幕的名称

图7-88 选择输入的文字

STEP 05 展开"属性"选项,设置"字体系列"为"方正粗黑宋简体"、"字体大小"为70.0;展开"变换"选项,设置"X位置"为330.3、"Y位置"为175.0,如图7-89所示。

143

STEP 06 选中"填充"复选框,单击"填充类型"选项右侧的下拉按钮,在弹出的列表框中选择"径向渐变"选项,如图7-90所示。

图7-89 设置相应的选项

图7-90 选择"径向渐变"选项

STEP 07 显示"径向渐变"选项,双击"颜色"选项右侧的第1个色标,如图7-91所示。

STEP 08 在弹出的"拾色器"对话框中设置第1个色标的颜色为红色(RGB参数值分别为255、0、0),如图7-92所示。

图7-91 单击第1个色标

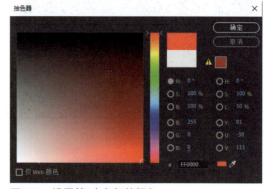

图7-92 设置第1个色标的颜色

STEP 09 单击"确定"按钮返回"字幕编辑"窗口,双击"颜色"选项右侧的第2个色标,在弹出的"拾色器"对话框中设置第2个色标的颜色为黄色(RGB参数值分别为255、255、0),如图7-93所示。

STEP 10 单击"确定"按钮返回"字幕编辑"窗口,选中"阴影"复选框,设置"扩展"为50.0,如图7-94所示。

图7-93 设置第2个色标的颜色

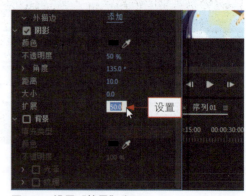

图7-94 设置"扩展"为50.0

STEP 11 执行上述操作后，在工作区中显示字幕效果，如图7-95所示。

STEP 12 单击"字幕编辑"窗口右上角的"关闭"按钮，关闭"字幕编辑"窗口，此时可以在"项目"面板中查看创建的字幕，如图7-96所示。

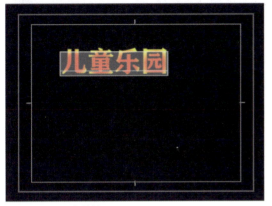

图7-95 显示字幕效果　　　　　　　　　　　图7-96 查看创建的字幕

STEP 13 在"项目"面板中选择字幕文件，将其添加到"时间轴"面板中的V2轨道上，如图7-97所示。

STEP 14 单击"播放-停止切换"按钮，预览视频效果，如图7-98所示。

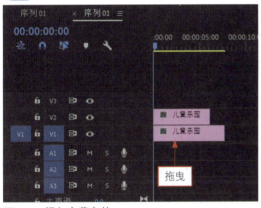

图7-97 添加字幕文件　　　　　　　　　　　图7-98 预览视频效果

7.3 制作精彩的字幕效果

随着动态视频的发展，动态字幕的应用也越来越频繁了，这些精美的字幕特效不仅能够点明影视视频的主题，让影片更加生动且具有感染力，还能够为观众传递一种艺术信息。本节主要介绍精彩字幕特效的制作方法。

制作路径特效字幕

在Premiere Pro 2020中，用户可以使用钢笔工具绘制路径，制作字幕路径特效，下面介绍制作路径运动字幕效果的方法。

STEP 01 按【Ctrl+O】组合键,打开项目文件"素材\第7章\彩虹.prproj",如图7-99所示。

STEP 02 在"时间轴"面板的在V2轨道上选择字幕文件,如图7-100所示。

图7-99 打开项目文件　　　　　　　　　　　图7-100 选择字幕文件

STEP 03 展开"效果控件"面板,分别为"运动"选项区中的"位置"和"旋转"选项及"不透明度"选项添加关键帧,如图7-101所示。

STEP 04 将时间线拖曳至00:00:00:12的位置,设置"位置"分别为480.0和160.0、"旋转"为20.0°及"不透明度"为100.0%,添加一组关键帧,如图7-102所示。

 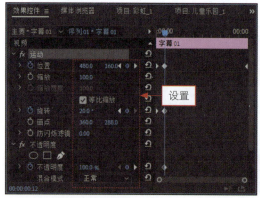

图7-101 设置关键帧　　　　　　　　　　　图7-102 添加一组关键帧

STEP 05 执行上述操作后,单击"节目监视器"面板中的"播放-停止切换"按钮,即可预览字幕路径特效,如图7-103所示。

图7-103 预览字幕路径特效

制作游动特效字幕

游动特效字幕是指字幕在画面中进行水平运动的动态字幕类型,用户可以设置游动的方向和位置,下面介绍制作游动特效字幕效果的操作方法。

STEP 01 按【Ctrl + O】组合键,打开项目文件"素材\第7章\烟花.prproj",如图7-104所示,在"时间轴"面板的V2轨道上双击字幕文件。

STEP 02 打开字幕编辑窗口,单击"滚动/游动选项"按钮,弹出"滚动/游动选项"对话框,选中"向左游动"单选按钮,如图7-105所示。

图7-104 打开项目文件

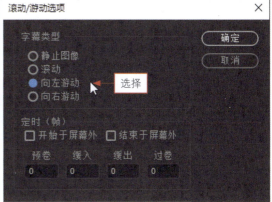

图7-105 选中"向左游动"单选按钮

STEP 03 选中"开始于屏幕外"复选框,并设置"缓入"为3,如图7-106所示。

STEP 04 单击"确定"按钮返回"字幕编辑"窗口,选取选择工具,将文字向右拖曳至合适位置,如图7-107所示。

图7-106 设置参数值

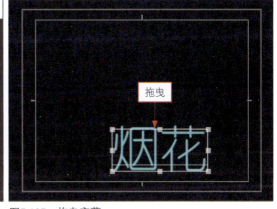

图7-107 拖曳字幕

STEP 05 执行上述操作后,即可创建游动运动字幕,在"节目监视器"面板中单击"播放-停止切换"按钮,即可预览字幕游动效果,如图7-108所示。

图7-108 预览字幕游动效果

制作滚动特效字幕

滚动特效字幕是指字幕从画面的下方逐渐向上运动的动态字幕类型，这种类型的动态字幕常运用在电视节目中，下面介绍制作滚动特效字幕效果的操作方法。

STEP 01 按【Ctrl+O】组合键，打开项目文件"素材\第7章\童话.prproj"，如图7-109所示，在"时间轴"面板的V2轨道上双击字幕文件。

STEP 02 打开字幕编辑窗口，单击"滚动/游动选项"按钮，弹出"滚动/游动选项"对话框，选中"滚动"单选按钮，如图7-110所示。

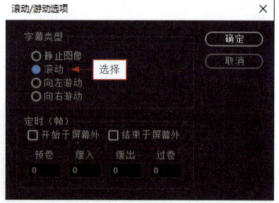

图7-109 打开项目文件　　　　图7-110 选中"滚动"单选按钮

STEP 03 选中"开始于屏幕外"复选框，设置"缓入"为4、"过卷"为8，如图7-111所示。

STEP 04 单击"确定"按钮返回"字幕编辑"窗口，选取选择工具将文字向下拖曳至合适位置，如图7-112所示。

STEP 05 执行上述操作后，即可创建滚动运动字幕，在"节目监视器"面板中单击"播放-停止切换"按钮，即可预览字幕滚动效果，如图7-113所示。

第7章 创建与制作字幕特效

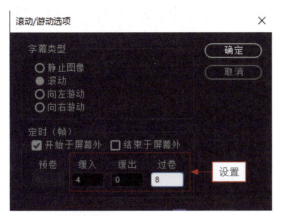

图7-111 设置参数值

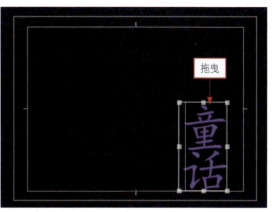

图7-112 拖曳字幕

图7-113 预览字幕滚动效果

 专家指点

在影视制作中，字幕的运动能起到突出主题、画龙点睛的妙用，如在影视广告中通过文字说明向观众强化产品的品牌、性能等信息。以前只有在耗资数万元的专业编辑系统中才能实现的字幕效果，现在使用优秀的视频编辑软件 Premiere 就能实现滚动字幕的制作。

7.3.4 制作水平旋转特效字幕

字幕的水平旋转效果主要运用了"嵌套"序列将多个视频效果合并在一起，然后通过"摄像机视图"特效让其整体水平旋转，下面介绍制作水平旋转字幕效果的操作方法。

STEP 01 按【Ctrl+O】组合键，打开项目文件"素材\第7章\书中有爱.prproj"，如图7-114所示。

STEP 02 在"时间轴"面板的V2轨道上选择字幕文件，如图7-115所示。

STEP 03 在"效果控件"面板中展开"运动"选项，将时间线移至00:00:00:00的位置，分别单击"缩放"和"旋转"左侧的"切换动画"按钮，并设置"缩放"为50.0、"旋转"为0.0°，添加第一组关键帧，如图7-116所示。

STEP 04 将时间线移至00:00:00:02的位置，设置"缩放"为70.0、"旋转"为90.0°；单击"锚点"左侧的"切换动画"按钮，设置"锚点"为420.0和100.0，添加第二组关键帧，如图7-117所示。

图7-114 打开项目文件

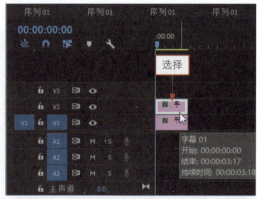

图7-115 选择字幕文件

图7-116 添加第一组关键帧

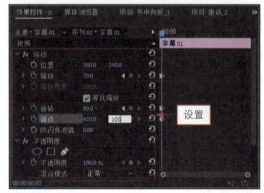

图7-117 添加第二组关键帧

STEP 05 执行上述操作后，单击"节目监视器"面板中的"播放-停止切换"按钮，即可预览字幕水平旋转特效，如图7-118所示。

图7-118 预览字幕水平旋转特效

7.3.5 制作旋转特效字幕

旋转字幕效果主要通过设置"运动"特效中的"旋转"选项的参数，让字幕在画面中旋转，下面介绍制作旋转特效字幕效果的操作方法。

STEP 01 按【Ctrl+O】组合键，打开项目文件"素材\第7章\美味诱人.prproj"，如图7-119所示。

第7章　创建与制作字幕特效

STEP 02 在"时间轴"面板的V2轨道上选择字幕文件，如图7-119所示。

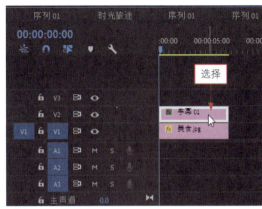

图7-119　打开项目文件　　　　　　　　　　图7-120　选择字幕文件

STEP 03 在"效果控件"面板中单击"旋转"左侧的"切换动画"按钮，并设置"旋转"为30.0°，添加第一组关键帧，如图7-120所示。

STEP 04 将时间线移至00:00:06:15的位置，设置"旋转"参数为180.0°，添加第二组关键帧，如图7-121所示。

STEP 05 执行上述操作后，单击"节目监视器"面板中的"播放-停止切换"按钮，即可预览字幕旋转特效，如图7-123所示。

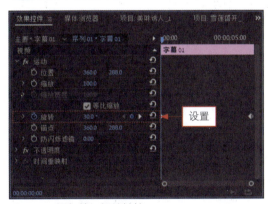
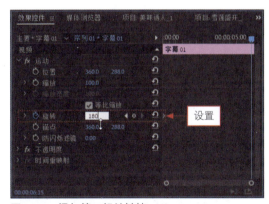

图7-121　添加第一组关键帧　　　　　　　　图7-122　添加第二组关键帧

图7-123　预览字幕旋转特效

7.3.6 制作拉伸特效字幕

拉伸字幕效果常运用于大型的视频广告中，如电影广告、衣服广告、汽车广告等，下面介绍制作拉伸字幕效果的操作方法。

STEP 01 按【Ctrl+O】组合键，打开项目文件"素材\第7章\信件.prproj"，如图7-124所示，在"时间轴"面板的V2轨道上选择字幕文件。

STEP 02 在"效果控件"面板中单击"缩放"左侧的"切换动画"按钮，添加第一组关键帧，如图7-125所示。

图7-124 打开项目文件

图7-125 添加第一组关键帧

STEP 03 将时间线移至00:00:01:15的位置，设置"缩放"参数为70.0，添加第二组关键帧，如图7-126所示。

STEP 04 将时间线移至00:00:02:20的位置，设置"缩放"参数为90.0，添加第三组关键帧，如图7-127所示。

图7-126 添加第二组关键帧

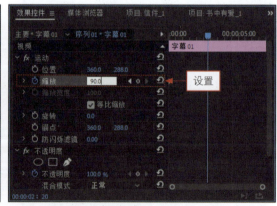

图7-127 添加第三组关键帧

STEP 05 执行上述操作后，单击"节目监视器"面板中的"播放-停止切换"按钮，即可预览字幕拉伸特效，如图7-128所示。

第7章　创建与制作字幕特效

图7-128　预览字幕拉伸特效

7.3.7　制作旋转扭曲特效字幕

"扭曲"特效字幕主要运用了"弯曲"效果让用户制作的字幕发生扭曲变形，下面介绍制作扭曲特效字幕效果的操作方法。

STEP 01 按【Ctrl+O】组合键，打开项目文件"素材\第7章\光芒四射.prproj"，如图7-129所示。

STEP 02 在"效果"面板中展开"视频效果"|"扭曲"选项，选择"旋转扭曲"选项，如图7-130所示。

图7-129　打开项目文件　　　　　　　　　图7-130　选择"旋转扭曲"选项

STEP 03 单击将其拖曳至"时间轴"面板的V2轨道上，添加"旋转扭曲"特效，如图7-131所示。

STEP 04 在"效果控件"面板中查看添加"旋转扭曲"特效的相应参数，如图7-132所示。

STEP 05 执行上述操作后，单击"节目监视器"面板中的"播放-停止切换"按钮，即可预览字幕扭曲特效，如图7-133所示。

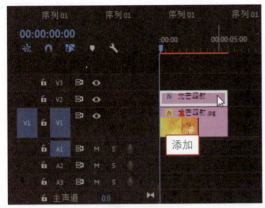
图7-131 添加"旋转扭曲"特效

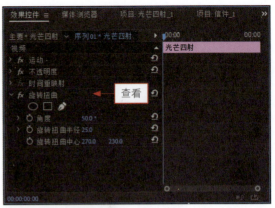
图7-132 查看参数值

图7-133 预览字幕扭曲特效

7.3.8 制作发光特效字幕

在Premiere Pro 2020中，发光特效字幕主要运用了"镜头光晕"特效让字幕产生发光的效果，下面介绍制作游动特效字幕效果的操作方法。

STEP 01 按【Ctrl+O】组合键，打开项目文件"素材\第7章\一束花.prproj"，如图7-134所示。

STEP 02 在"效果"面板中展开"视频效果"|"生成"选项，选择"镜头光晕"选项，将"镜头光晕"视频效果拖曳至"时间轴"面板的V2轨道上的字幕素材中，添加"镜头光晕"特效如图7-135所示。

图7-134 打开项目文件

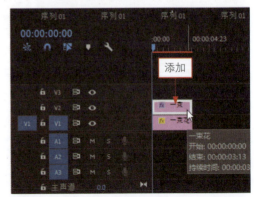
图7-135 添加"镜头光晕"特效

第7章 创建与制作字幕特效

STEP 03 将时间线拖曳至00:00:01:00的位置，选择字幕文件，在"效果控件"面板中分别单击"光晕中心""光晕亮度"和"与原始图像混合"左侧的"切换动画"按钮，添加第一组关键帧，如图7-136所示。

STEP 04 将时间线拖曳至00:00:03:00的位置，在"效果控件"面板中设置"光晕中心"为100.0和400.0、"光晕亮度"为300%、"与原始图像混合"为30%，添加第二组关键帧，如图7-137所示。

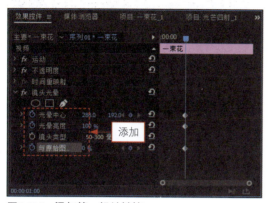

图7-136 添加第一组关键帧

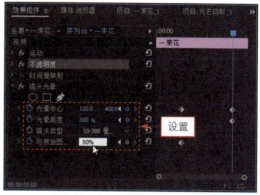

图7-137 添加第二组关键帧

STEP 05 执行上述操作后，单击"节目监视器"面板中的"播放-停止切换"按钮，即可预览字幕发光特效，如图7-138所示。

图7-138 预览字幕发光特效

🔊 **专家指点**

在 Premiere Pro 2020 中，为字幕文件添加"镜头光晕"视频特效后，在"效果控件"面板中可以设置镜头光晕的类型，单击"镜头类型"右侧的下拉按钮，在弹出的列表框中根据需要选择"105毫米定焦"选项即可。

7.3.9 制作淡入与淡出字幕

在Premiere Pro 2020中，通过设置"效果控件"面板中的"不透明度"选项参数，可以制作字幕的淡入与淡出效果，下面介绍具体操作方法。

STEP 01 按【Ctrl+O】键，打开项目文件"素材\第7章\时光旅途.prproj"，如图7-139所示。

STEP 02 在"时间轴"面板的V2轨道中单击选择字幕文件，如图7-140所示。

图7-139 打开项目文件

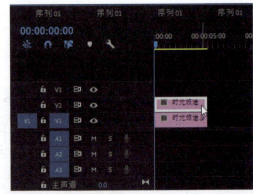

图7-140 选择字幕文件

STEP 03 打开"效果控件"面板，在"不透明度"选项区中单击"添加/移除关键帧"按钮，添加一个关键帧，如图7-141所示。

STEP 04 执行上述操作后，设置"不透明度"选项参数为0.0%，如图7-142所示。

图7-141 添加一个关键帧

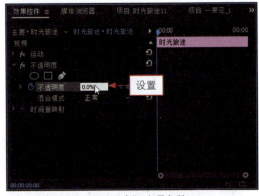

图7-142 设置"不透明度"选项参数

STEP 05 将时间线切换至00:00:02:00处，再次添加一个关键帧，并设置"不透明度"选项参数为100.0%，如图7-143所示。

STEP 06 用同样的方法，在00:00:04:00处再次添加一个关键帧，并设置"不透明度"选项参数为0.0%，如图7-144所示。

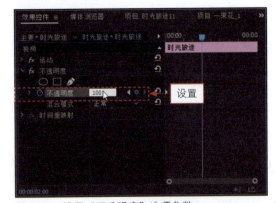

图7-143 设置"不透明度"选项参数

图7-144 设置"不透明度"选项参数

STEP 07 执行上述操作后,单击"节目监视器"面板中的"播放-停止切换"按钮,即可预览字幕淡入与淡出特效,如图7-145所示。

图7-145 预览字幕淡入与淡出特效

7.3.10 制作混合特效字幕

在Premiere Pro 2020的"效果控件"面板中展开"不透明度"选项区,在该选项区中,除了可以通过设置"不透明度"参数制作淡入淡出效果,还可以制作字幕的混合特效,下面介绍具体的操作步骤。

STEP 01 按【Ctrl + O】组合键,打开项目文件"素材\第7章\雪莲盛开.prproj",在"节目监视器"面板中可以查看打开的项目文件,如图7-146所示。

STEP 02 在"时间轴"面板的V2轨道中单击选择字幕文件,如图7-147所示。

图7-146 查看打开的项目文件

图7-147 选择字幕文件

STEP 03 打开"效果控件"面板,在"不透明度"选项区中单击"混合模式"右侧的下拉按钮,在弹出的下拉列表中选择"强光"选项,如图7-148所示。

STEP 04 执行上述操作后,单击"节目监视器"面板中的"播放-停止切换"按钮,即可预览字幕混合特效,如图7-149所示。

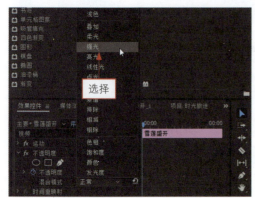
图7-148 选择"强光"选项

图7-149 预览字幕混合特效

第8章 音频文件的基础操作

在Premiere Pro 2020中，音频的制作非常重要，在影视、游戏及多媒体的制作开发中，音频和视频具有同样重要的地位，音频质量的好坏直接影响到作品的质量。本章主要对音频编辑的核心技巧进行讲解，让用户在了解声音的同时，掌握编辑音频的方法。

本章重点

- 数字音频的定义
- 音频的基本操作
- 音频效果的编辑

8.1 数字音频的定义

数字音频是一种利用数字化手段对声音进行录制、存放、编辑、压缩和播放的技术，数字音频是随着数字信号处理技术、计算机技术、多媒体技术的发展而形成的一种全新的声音处理手段，其主要应用领域是音乐后期制作和录音。

8.1.1 认识声音的概念

人类听到的所有声音如对话、唱歌等都可以被称为音频，然而这些声音都需要经过一定的处理。接下来将从声音的基本概念开始，逐渐深入了解音频编辑的核心技巧。

1. 原理

声音是由物体振动产生的，正在发声的物体叫声源，声音以声波的形式传播。声音是一种压力波，当演奏乐器、拍打一扇门或敲击桌面时，这些物体的振动会引起介质——空气分子有节奏的振动，使周围的空气产生疏密变化，形成疏密相间的纵波，这就产生了声波，这种现象会一直延续到振动消失为止。

2. 响度

响度是表达声音强弱程度的重要指标，其大小取决于声波振幅的大小。响度是人耳判别声音由轻到响的强度等级概念，它不仅取决于声音的强度（如声压级），还与它的频率及波形有关。响度的单位为"宋"，1宋的定义为声压级为40dB，频率为1000Hz，且来自听者正前方的平面波形的强度。如果另一个声音听起来比1宋的声音大 n 倍，则该声音的响度为 n 宋。

3. 音高

音高表示人耳对声音高低的主观感受。通常较大的物体振动所发出的音调会较低，而轻巧的物体则可以发出较高的音调。

音调是声音的一个重要物理特性。音调的高低取决于声音频率的高低，频率越高音调越高，频率越低音调越低。为了得到影视动画中某些特殊效果，可以将声音频率变高或变低。

4．音色

音色主要是由声音波形的谐波频谱和包络决定的，音色也称为音品。音色就像绘图中的颜色，发音体和发音环境不同都会影响声音的质量，声音可分为基音和泛音，音色是由混入基音的泛音所决定的，泛音越高谐波越丰富，音色就越有明亮感和穿透力，不同的谐波具有不同的幅值和相位偏移，由此产生各种音色。

音色的不同取决于不同的泛音，每一种乐器、不同的人及所有能发声的物体发出的声音，除了一个基音，还有许多不同频率的泛音伴随，正是这些泛音决定了其不同的音色，使人能辨别出是不同的乐器甚至不同的人发出的声音。

5．失真

失真是指声音经录制加工后产生的一种畸变，一般分为非线性失真和线性失真。

非线性失真是指声音在录制加工后出现了一种新的频率，与原声产生了差异。

线性失真则没有产生新的频率，但是原有声音的比例发生了变化，要么增加了高频成分的音量，要么减少了低频成分的音量等。

6．静音和增益

静音和增益也是声音中的一种表现方式，所谓静音就是无声，在影视作品中没有声音是一种具有积极意义的表现手段。增益是"放大量"的统称，它包括功率的增益、电压的增益和电流的增益。通过调整音响设备的增益量，可以对音频信号电平进行调节，使系统的信号电平处于一种最佳状态。

8.1.2 认识声音类型

在通常情况下，人类能够听到20Hz～20kHz之间的声音频率。因此，按照内容、频率范围及时间的不同，可以将声音分为自然音、纯音、复合音、协和音和噪音等类型。

1．自然音

自然音就是指大自然所发出的声音，如下雨、刮风、流水等。之所以称之为"自然音"，是因为其概念与名称相同。自然音结构是不以人的意志为转移的音之宇宙属性，当地球还没有出现人类时，这种现象就已经存在。

2．纯音

纯音是指声音中只存在一种频率的声波，此时发出的声音便称为纯音。

纯音具有单一频率的正弦波，而一般的声音是由几种频率的波组成的。常见的纯音如金属撞击的声音。

3．复合音

由基音和泛音结合在一起形成的声音，称为复合音。复合音是根据物体振动时产生的，不仅物体整体在振动，它的部分同时也在振动。因此，平时所听到的声音都不只是一个声音，而是由许多个声音组合而成的，于是便产生了复合音。用户可以试着在钢琴上弹出一个较低的音，用心聆听不难发现，除最响的音之外，还有一些非常弱的声音同时在响，这就是全弦的振动和弦的部分振动所产生的结果。

4．协和音

协和音也是声音类型的一种，协和音同样是由多个音频所构成的组合音频，其不同之处是构成组合音频的频率是两个单独的纯音。

5. 噪音

噪音是指音高和音强变化混乱、听起来不和谐的声音，噪音是由发音体不规则的振动产生的。噪声主要来源于交通运输、车辆鸣笛、工业噪音、建筑施工、社会噪音如高音喇叭、早市和人的大声说话等。

噪音可以对人的正常听觉有一定的干扰，它通常是由不同频率和不同强度声波的无规律组合所形成的声音，即物体无规律的振动所产生的声音。噪音不仅由声音的物理特性决定，还与人们的生理和心理状态有关。

8.1.3 应用数字音频

随着数字音频存储和传输功能的提高，许多模拟音频已经无法与之比拟。因此，数字音频技术已经广泛应用于数字录音机、数字调音台及数字音频工作站等音频制作中。

1. 数字录音机

数字录音机与模拟录音机相比，加强了其剪辑功能和自动编辑功能。数字录音机采用了数字化的方式来记录音频信号，因此实现了很高的动态范围和频率响应。

2. 数字调音台

数字调音台是一种同时拥有A/D和D/A转换器及DSP处理器的音频控制台。

数字调音台作为音频设备的新生力量已经在专业录音领域占据重要的席位，特别是近几年来数字调音台开始涉足扩声场所，足见调音台由模拟向数字转移是一股不可忽视的潮流。数字调音台主要有以下8个功能。

- 操作过程可存储性。
- 信号的数字化处理。
- 数字调音台的信噪比和动态范围高。
- 20bit的44，1kHz取样频率，可以保证在20Hz～20kHz之间的频响不均匀度小于±1dB，总谐波失真小于0.015%。
- 每个通道都可以方便设置高质量的数字压缩限制器和降噪扩展器。
- 数字通道的位移寄存器，可以给出足够的信号延迟时间，以便对各声部的节奏同步做出调整。
- 立体声的两个通道的联动调整十分方便。
- 数字使调音台没有故障诊断功能。

3. 数字音频工作站

数字音频工作站是计算机控制的以硬磁盘为主要的记录媒体，它的性能优异且具有良好的人机界面。数字音频工作站可以根据需要对轨道进行扩充，从而能够方便地进行音频、视频同步编辑。

数字音频工作站用于节目录制、编辑、播出时，与传统的模拟方式相比，其具有节省人力、物力、提高节目质量、节目资源共享、操作简单、编辑方便、播出及时安全等优点，因此数字音频工作站的建立可以认为是声音节目制作由模拟走向数字的必由之路。

8.2 音频的基本操作

音频素材是指可以持续一段时间且含有各种音乐音响效果的声音。用户在编辑音频前，首先需要了解音频编辑的一些基本操作，如运用"项目"面板添加音频、运用菜单命令删除音频及分割音频文件等。

8.2.1 运用"项目"面板添加音频

运用"项目"面板添加音频文件的方法与添加视频素材及图片素材的方法基本相同，下面详细介绍添加音频文件的步骤。

STEP 01 按【Ctrl + O】组合键，打开项目文件"素材\第8章\趴趴熊音乐枕.prproj"，如图8-1所示。

STEP 02 在"项目"面板上选择音频文件，如图8-2所示。

图8-1　打开项目文件

图8-2　选择音频文件

STEP 03 单击将音频文件拖曳至A1轨道上，如图8-3所示。

STEP 04 执行上述操作后，即可运用"项目"面板添加音频，如图8-4所示。

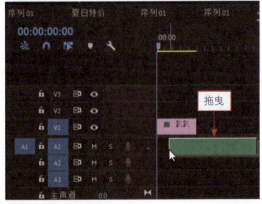

图8-3　拖曳音频文件

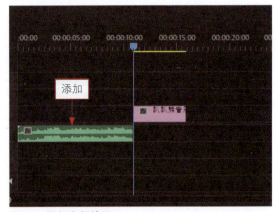

图8-4　添加音频效果

8.2.2 运用菜单命令添加音频

用户在运用菜单命令添加音频文件之前,首选需要激活音频轨道,下面介绍运用菜单命令添加音频文件的具体操作步骤。

STEP 01 按【Ctrl + O】组合键,打开项目文件"素材\第8章\大理古城.prproj",如图8-5所示。

STEP 02 单击"文件"|"导入"命令,如图8-6所示。

图8-5 打开项目文件

图8-6 单击"导入"命令

STEP 03 弹出"导入"对话框,选择合适的音频文件,如图8-7所示。

STEP 04 单击"打开"按钮,将音频文件拖曳至"时间轴"面板中,添加音频效果如图8-8所示。

图8-7 选择合适的音频

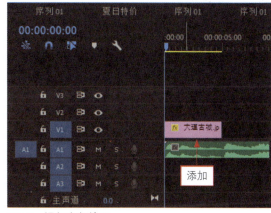

图8-8 添加音频效果

8.2.3 运用"项目"面板删除音频

用户若想删除多余的音频文件,则可以在"项目"面板中进行音频文件删除操作。

STEP 01 按【Ctrl + O】组合键,打开项目文件"素材\第8章\音乐书灯.prproj",如图8-9所示。

STEP 02 在"项目"面板中选择音频文件,如图8-10所示。

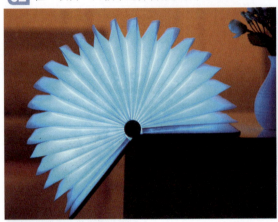
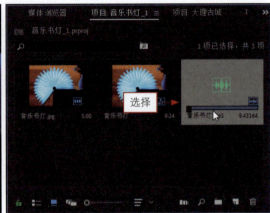

图8-9　打开项目文件　　　　　　　　　图8-10　选择音频文件

STEP 03 单击鼠标右键,在弹出的快捷菜单中选择"清除"命令,如图8-11所示。

STEP 04 弹出信息提示框,单击"是"按钮即可删除音频文件,如图8-12所示。

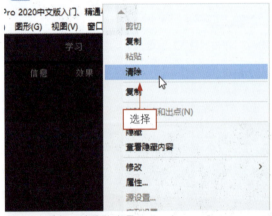

图8-11　选择"清除"选项　　　　　　　图8-12　删除音频文件

8.2.4　运用"时间轴"面板删除音频

在"时间轴"面板中,用户可以根据需要将多余轨道上的音频文件删除,下面介绍在"时间轴"面板中删除多余音频文件的操作步骤。

STEP 01 按【Ctrl+O】组合键,打开项目文件"素材\第8章\糕点.prproj",如图8-13所示。

STEP 02 在"时间轴"面板中选择A1轨道上的音频文件,如图8-14所示。

STEP 03 按【Delete】键即可删除音频文件,如图8-15所示。

第8章　音频文件的基础操作

图8-13　打开项目文件

图8-14　选择音频文件

图8-15　删除音频文件

8.2.5　运用菜单命令添加音频轨道

用户在添加音频轨道时，可以运用菜单命令添加音频轨道，其具体方法是：单击"序列"|"添加轨道"命令，如图8-16所示。在弹出的"添加轨道"对话框中，设置"视频轨道"的添加参数为0、"音频轨道"的添加参数为1，如图8-17所示。单击"确定"按钮，即可完成音频轨道的添加。

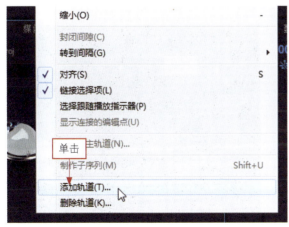

图8-16　单击"添加轨道"命令

图8-17　"添加轨道"对话框

165

8.2.6 运用"时间轴"面板添加音频轨道

在默认情况下，将自动创建3个音频轨道和1个主音轨，当用户添加的音频文件过多时，可以选择性的添加1个或多个音频轨道。

运用"时间轴"面板添加音频轨道的具体方法是：拖曳鼠标至"时间轴"面板中的A1轨道，单击鼠标右键，在弹出的快捷菜单中选择"添加轨道"命令，如图8-18所示。

弹出"添加轨道"对话框，用户可以选择需要添加的音频数量，并单击"确定"按钮，此时用户可以在"时间轴"面板中查看添加的音频轨道，如图8-19所示。

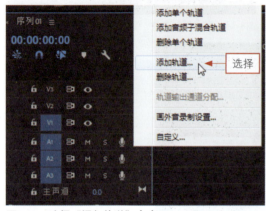

图8-18 选择"添加轨道"命令

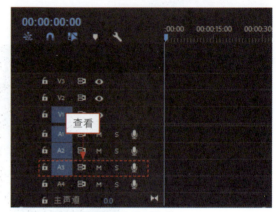

图8-19 查看添加音频轨道后的效果

8.2.7 使用剃刀工具分割音频文件

分割音频文件是运用剃刀工具将音频文件分割成两段或多段音频文件，这样可以让用户更好地将音频与其他素材相结合。

STEP 01 按【Ctrl+O】组合键，打开项目文件"素材\第8章\梦幻夜景.prproj"，如图8-20所示。

STEP 02 在"时间轴"面板中选取剃刀工具，如图8-21所示。

图8-20 打开项目文件

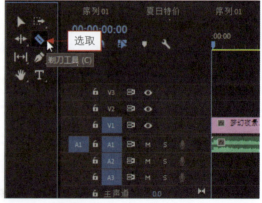

图8-21 选取剃刀工具

STEP 03 在音频文件上的合适位置单击即可分割音频文件，如图8-22所示。

STEP 04 依次单击分割其他位置，如图8-23所示。

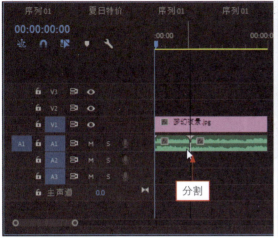
图8-22 分割音频文件

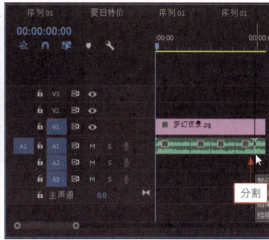
图8-23 分割其他位置

8.2.8 删除部分音频轨道

制作影视文件时，当用户添加的音频轨道过多时，可以删除部分音频轨道。下面介绍如何删除音频轨道。

STEP 01 按【Ctrl+O】组合键，打开项目文件"素材\第8章\棉花糖.prproj"，如图8-24所示。

STEP 02 在"节目监视器"中查看打开的项目图像效果，如图8-25所示。

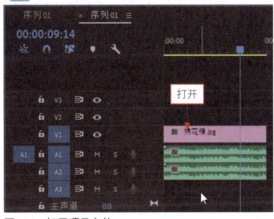
图8-24 打开项目文件　　　　　图8-25 查看项目图像效果

STEP 03 单击"序列"|"删除轨道"命令，如图8-26所示。

STEP 04 弹出"删除轨道"对话框，选中"删除音频轨道"复选框，如图8-27所示。

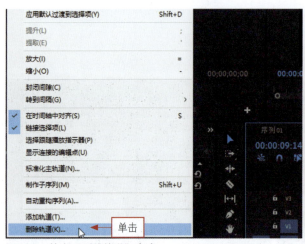
图8-26　单击"删除轨道"命令

图8-27　选中"删除音频轨道"复选框

STEP 05　选择需要删除的"音频2"轨道，如图8-28所示。

STEP 06　单击"确定"按钮，即可删除音频轨道，如图8-29所示。

图8-28　选择需要删除的音频轨道

图8-29　删除音频轨道

8.3　音频效果的编辑

　　在Premiere Pro 2020中，用户可以对音频素材进行适当的处理，让音频达到更好的视听效果。本节将详细介绍编辑音频效果的操作方法。

8.3.1　案例——添加音频过渡

　　在Premiere Pro 2020中，系统为用户预设了"恒定功率""恒定增益"和"指数淡化"3种音频过渡效果。

STEP 01　按【Ctrl+O】组合键，打开项目文件"素材\第8章\音乐.prproj"，如图8-30所示。

第8章 音频文件的基础操作

STEP 02 在"效果"面板中，❶ 依次展开"音频过渡"|"交叉淡化"选项；❷ 选择"指数淡化"选项，如图8-31所示。

图8-30 打开项目文件

图8-31 选择"指数淡化"选项

STEP 03 单击并将其拖曳至A1轨道上，即可添加音频过渡，如图8-32所示。

图8-32 添加音频过渡

8.3.2 案例——添加音频特效

由于Premiere Pro 2020是一款视频编辑软件，因此在音频特效的编辑方面的表现并不突出，但系统仍然提供了大量的音频特效。

STEP 01 按【Ctrl+O】组合键，打开项目文件"素材\第8章\音乐1.prproj"，如图8-33所示。

STEP 02 ❶ 在"效果"面板中展开"音频效果"选项；❷ 在展开的列表中选择"带通"选项，如图8-34所示。

STEP 03 单击将其向右拖曳至"时间轴"面板中的A1轨道上添加特效，如图8-35所示。

STEP 04 在"效果控件"面板中查看各参数，如图8-36所示。

169

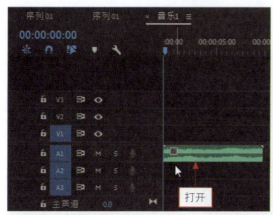

图8-33 打开项目文件

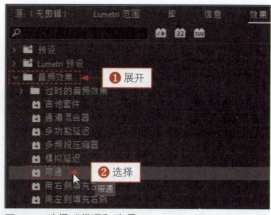

图8-34 选择"带通"选项

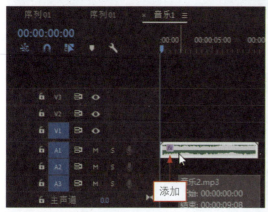

图8-35 添加特效

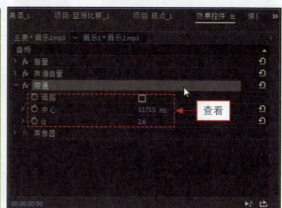

图8-36 查看各参数

8.3.3 案例——运用"效果控件"面板删除特效

如果用户对添加的音频特效不满意,则可以选择删除音频特效。运用"效果控件"面板删除音频特效的具体方法是:❶选择"效果控件"面板中的音频特效;单击鼠标右键,在弹出的快捷菜单中❷选择"清除"命令,如图8-37所示;即可删除添加的音频特效,如图8-38所示。

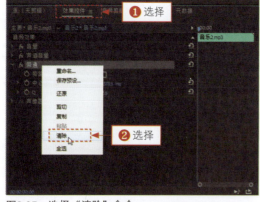

图8-37 选择"清除"命令

图8-38 删除音频特效

第8章 音频文件的基础操作

> 专家指点
>
> 除了运用上述方法删除音频特效，还可以在选择特效的情况下，按【Delete】键即可删除音频特效。

8.3.4 案例——设置音频增益

在运用Premiere Pro 2020调整音频时，往往会使用多个音频文件。因此，用户需要通过调整增益效果来控制音频的最终效果。

STEP 01 按【Ctrl+O】组合键，打开项目文件"素材\第8章\悬浮音响.prproj"，如图8-39所示。

STEP 02 在"节目监视器"面板中查看打开的项目效果，如图8-40所示。

图8-39 打开项目文件

图8-40 查看项目效果

STEP 03 在"项目"面板中的空白位置单击鼠标右键，在弹出的快捷菜单中选择"导入"命令，如图8-41所示。

STEP 04 在弹出的"导入"窗口中，❶ 选择相应的音频文件；❷ 单击"打开"按钮，即可将音频素材导入至"项目"面板中，如图8-42所示。

STEP 05 执行上述操作后，在"项目"面板中将音频文件拖曳至"时间轴"面板中的A1轨道上，添加音频文件，如图8-43所示。

图8-41 选择"导入"命令

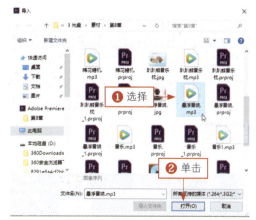
图8-42 单击"打开"按钮

171

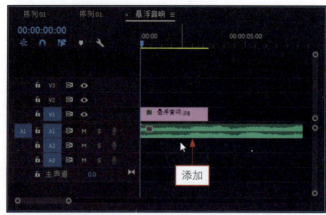

图8-43 添加音频文件

STEP 06 ❶选择添加的音频文件并单击鼠标右键；❷选择"速度/持续时间"命令，如图8-44所示。

STEP 07 在弹出的"剪辑速度/持续时间"对话框中设置"持续时间"为00:00:05:00，如图8-45所示。

图8-44 选择"速度/持续时间"命令　　　　　　　图8-45 设置"持续时间"

STEP 08 执行上述操作后，即可更改音频文件的时长，选择更改时长后的音频文件，如图8-46所示。

STEP 09 单击"剪辑"|"音频选项"|"音频增益"命令，如图8-47所示。

图8-46 选择音频文件　　　　　　　　　　图8-47 单击"音频增益"命令

第8章 音频文件的基础操作

STEP 10 弹出"音频增益"对话框，❶ 选中"将增益设置为"单选按钮；❷ 设置其参数为12dB；❸ 单击"确定"按钮，如图8-48所示，即可设置音频增益。

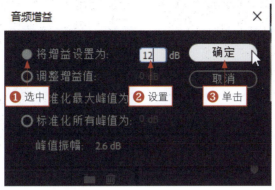

图8-48 设置参数值

8.3.5 案例——设置音频淡化

淡化效果可以让音频随着播放的背景音乐逐渐较弱，直到完全消失。淡化效果需要通过两个以上的关键帧来实现。

STEP 01 按【Ctrl+O】组合键，打开项目文件"素材\第8章\棉花糖机.prproj"，如图8-49所示。

STEP 02 在"节目监视器"面板中单击"播放-停止切换"按钮，查看打开的项目效果，如图8-50所示。

图8-49 打开项目文件　　　　　图8-50 查看项目效果

STEP 03 选择"时间轴"面板中的音频文件，如图8-51所示。

STEP 04 在"效果控件"面板中，❶ 展开"音量"特效面板；❷ 双击"级别"选项左侧的"切换动画"按钮；❸ 添加一个关键帧，如图8-52所示。

STEP 05 拖曳"当前时间指示器"至00:00:04:00的位置，如图8-53所示。

STEP 06 在"音量"特效面板中，❶ 设置"级别"选项的参数为-300.0dB；❷ 添加另一个关键帧，如图8-54所示，即可完成对音频文件的淡化设置。

173

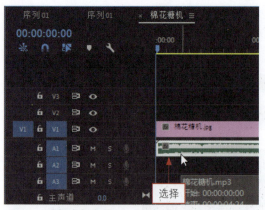

图8-51　选择音频文件

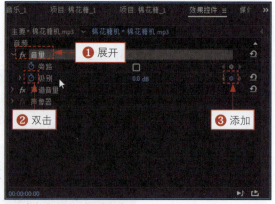

图8-52　添加一个关键帧

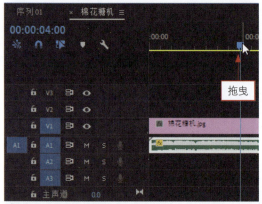

图8-53　拖曳"当前时间指示器"

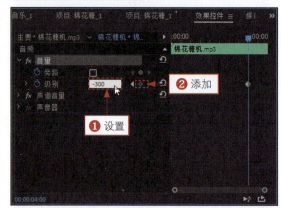

图8-54　添加另一个关键帧

第9章　处理与制作音频特效

在Premiere Pro 2020中，为影片添加优美动听的音乐，可以使制作的影片更上一个台阶。声音能够带给影视节目更加强烈的震撼和冲击力，一部精彩的影视节目离不开音乐。因此，音频的编辑是影视节目编辑中必不可少的一个环节。本章主要介绍背景音乐特效的制作方法和技巧。

本章重点

- 认识音轨混合器
- 音频效果的处理
- 制作立体声音频的效果
- 制作常用音频效果
- 制作其他音频效果

9.1 认识音轨混合器

"音轨混合器"是Premiere Pro 2020为制作高质量音频效果准备的多功能音频处理平台。接下来将介绍音轨混合器的一些基本功能，并运用这些功能来调整音频素材。

9.1.1 了解"音轨混合器"面板

"音轨混合器"是由许多音频轨道控制器和播放控制器组成的。在Premiere Pro 2020界面中，单击"窗口"|"音轨混合器"命令，展开"音轨混合器"面板，如图9-1所示。

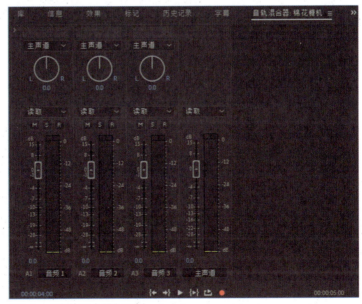

图9-1　"音轨混合器"面板

 专家指点

在默认情况下，"音轨混合器"面板中只会显示当前"时间轴"面板中激活的音频轨道。如果用户需要在"音轨混合器"面板中显示其他轨道，则必须将序列中的轨道激活。

9.1.2 "音轨混合器"的基本功能

"音轨混合器"面板中的基本功能主要用来对音频文件进行修改与编辑操作。下面介绍"音轨混合器"面板中的各项主要基本功能。

● "自动模式"列表框：主要用来调节音频素材和音频轨道，如图9-2所示。当调节对象是音频素材时，调节效果只会对当前素材有效，如果调节对象是音频轨道，则音频特效将应用于整个音频轨道。

● "轨道控制"按钮组：该类型的按钮包括"静音轨道"按钮、"独奏轨"按钮、"激活录制轨"按钮等，如图9-3所示。这些按钮的主要作用是让音频或素材在预览时，其指定的轨道完全以静音或独奏的方式进行播放。

图9-2 "自动模式"列表框

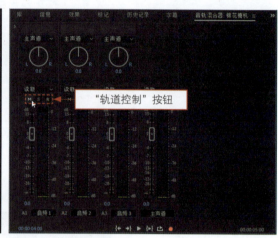
图9-3 "轨道控制"按钮

● "声道调节"滑轮：可以用来调节只有左、右两个声道的音频素材，当用户向左拖动滑轮时，左声道音量将提升；反之，当用户向右拖动滑轮时，右声道音量将提升，如图9-4所示。

● "音量控制器"按钮：分别控制音频素材播放的音量，以及素材播放的状态，如图9-5所示。

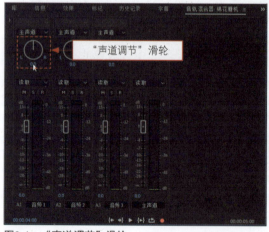
图9-4 "声道调节"滑轮

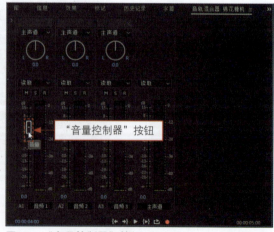
图9-5 "音量控制器"按钮

9.1.3 "音轨混合器"的面板菜单

通过对"音轨混合器"面板的基本认识，用户应该对"音轨混合器"面板的组成有了一定了解。接下来将介绍"音轨混合器"的面板菜单。

在"音轨混合器"面板中，单击右上角的按钮 ，将弹出"音轨混合器"面板菜单，如图9-6所示。

❶ **显示/隐藏轨道**：该选项可以对"音轨混合器"面板中的轨道进行隐藏或者显示设置。选择该选项，或按【Ctrl＋Alt+T】组合键，弹出"显示/隐藏轨道"对话框，如图9-7所示，在左侧列表框中，被选中的轨道处于显示状态，未被选中的轨道则处于隐藏状态。

❷ **显示音频时间单位**：选择该选项，可以在"时间轴"面板的时间标尺上显示音频单位，如图9-8所示。

❸ **循环**：选择该选项，则系统会循环播放音乐。

❹ **仅计量器输入**：如果在VU表上显示硬件输入电平，而不是轨道电平，则选择该选项来监控音频，以确定是否所有轨道都被录制。

❺ **写入后切换到触动**：选择该选项，则回放结束后，或一个回放循环完成后，所有轨道设置将记录模式转换到接触模式。

图9-6 "音轨混合器"面板菜单

图9-7 "显示/隐藏轨道"对话框

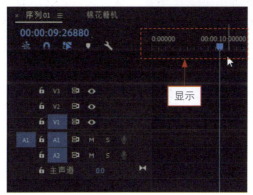

图9-8 显示音频时间单位

9.2 音频效果的处理

在Premiere Pro 2020中,用户可以对音频素材进行适当的处理,通过对音频高低音的调节,可以让素材达到更好的视听效果。

9.2.1 处理参数均衡器

EQ特效用于平衡对音频素材中的声音频率、波段和多重波段均衡等内容。

STEP 01 按【Ctrl+O】组合键,打开项目文件"素材\第9章\爱情绽放.prproj",如图9-9所示。

STEP 02 在"效果"面板中展开"音频效果",选择"参数均衡器"选项,如图9-10所示。

图9-9 打开项目文件　　　　　图9-10 选择"参数均衡器"选项

STEP 03 单击并将其拖曳至A1轨道上,添加音频特效,如图9-11所示。

STEP 04 在"效果控件"面板中单击"自定义设置"选项右边的"编辑"按钮,如图9-12所示。

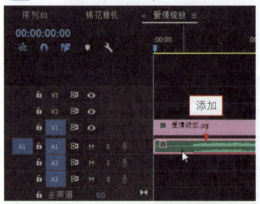 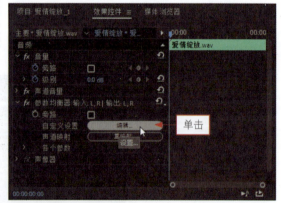

图9-11 添加音频特效　　　　　图9-12 单击"编辑"按钮

STEP 05 弹出"剪辑效果编辑器"对话框,选中"宽度"单选按钮,调整控制点,如图9-13所示,即可处理参数均衡器。

第9章 处理与制作音频特效

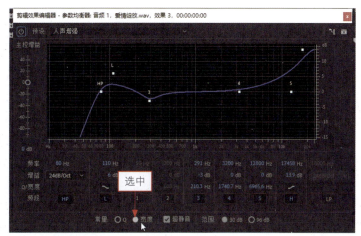

图9-13 调整控制点

 处理高低音转换

在Premiere Pro 2020中，高低音之间的转换是运用"动态"特效对组合的或独立的音频进行调整的。

STEP 01 按【Ctrl+O】组合键，打开项目文件"素材\第9章\山水.prproj"，如图9-14所示。

STEP 03 单击将其拖曳至A1轨道上，添加音频特效，如图9-16所示。

图9-14 打开项目文件

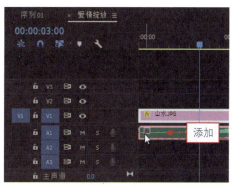

图9-16 添加音频特效

STEP 02 在"效果"面板中展开"音频效果"选项，在其中选择"动态"选项，如图9-15所示。

STEP 04 在"效果控件"面板中，单击"自定义设置"选项右边的"编辑"按钮，如图9-17所示。

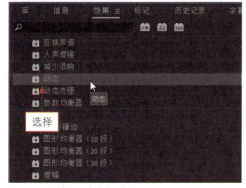

图9-15 选择"动态"选项

图9-17 单击"编辑"按钮

STEP 05 弹出"剪辑效果编辑器"对话框,如图 9-18 所示。

图9-18 "剪辑效果编辑器"对话框

STEP 06 单击"预设"选项右侧的下拉按钮,在弹出的列表框中选择"中等压缩"选项,如图 9-19所示。

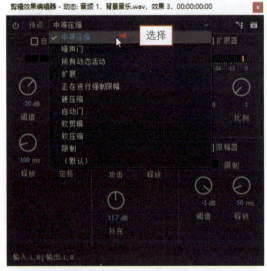

图9-19 选择合适的选项

STEP 07 ❶展开"各个参数"选项;❷单击每一个参数前面的"切换动画"按钮;❸添加关键帧,如图9-20所示。

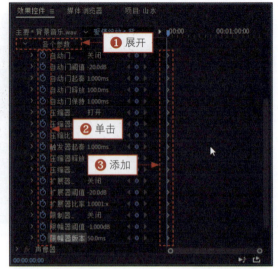

图9-20 添加关键帧

STEP 08 ❶将时间线移至00:00:04:00位置;❷单击"动态输入"选项右侧的"预设"按钮，在弹出的列表框中选择"软剪辑"选项;❸此时系统将自动插入一组关键帧,如图9-21所示,设置完成后,将时间线移至开始位置,单击"播放-停止切换"按钮,用户可以听出原本开始的柔弱部分变得具有一定的力度,而原来具有力度的后半部分也因为设置了"软剪辑"效果而变得柔和了。

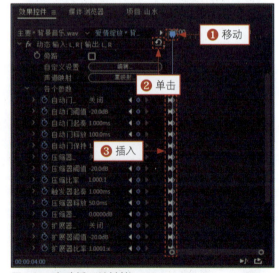

图9-21 自动插入关键帧

 专家指点

尽管可以将音频素材的声音压缩到一个更小的动态播放范围,但是对于扩展而言,如果超过了音频素材所能提供的范围,就不能再进一步扩展了,除非降低原始素材的动态范围。

第 9 章　处理与制作音频特效

9.2.3 处理声音的波段

在Premiere Pro 2020中，可以运用"多频段压缩器"特效设置声音波段，该特效可以对音频的高、中、低3个波段进行压缩控制，让音频的效果更加理想。

STEP 01 按【Ctrl+O】组合键，打开项目文件"素材\第9章\动物乐园.prproj"，如图9-22所示。

STEP 02 在"效果"面板中，❶ 展开"音频效果"选项；❷ 在其中选择"多频段压缩器"选项，如图9-23所示。

图9-22　打开项目文件

图9-23　选择"多频段压缩器"选项

STEP 03 为音乐素材添加音频特效，在"效果控件"面板中，❶ 展开"各个参数"选项；❷ 单击每一个参数前面的"切换动画"按钮；❸ 添加关键帧，如图9-24所示。

STEP 04 单击"自定义设置"右边的"编辑"按钮，弹出"剪辑效果编辑器"对话框，设置"交叉"选项右侧"高"的参数为12000，设置波段参数如图9-25所示。

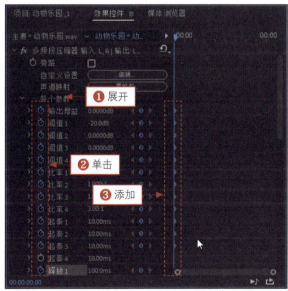

图9-24　添加关键帧

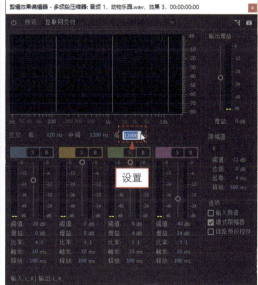

图9-25　设置波段

181

STEP 05 ❶ 将时间线移至00:00:04:00位置；❷ 单击"多频段压缩器"选项右侧的"预设"按钮 ，❸ 在弹出的列表框中选择"提高人声"选项，如图9-26所示。

STEP 06 此时，系统可在时间指示器所在的位置自动为素材添加关键帧，如图9-27所示，播放音乐即可听到修改后的音频效果。

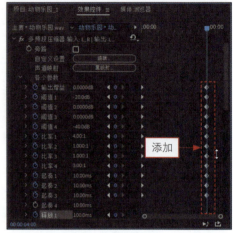

图9-26　选择"提高人声"选项　　　　　图9-27　自动添加关键帧

9.3 制作立体声音频的效果

Premiere Pro 2020拥有强大的立体音频处理能力，在使用的素材为立体声道时，Premiere Pro 2020可以在两个声道间实现立体声音频特效的效果。本节主要介绍立体声音频效果的制作方法。

 导入视频素材

在制作立体声音频效果之前，用户首先需要导入一段音频或有声音的视频素材，并将其拖曳至"时间轴"面板中。

STEP 01 新建一个项目文件，单击"文件"|"导入"命令，如图9-28所示。

STEP 02 弹出"导入"对话框，❶ 在其中选择相应的视频素材；❷ 单击"打开"按钮，如图9-29所示，导入文件"素材\第9章\蓝色视频.mp4"。

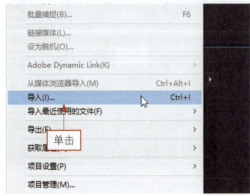

图9-28　单击"导入"命令　　　　　　图9-29　单击"打开"按钮

第9章　处理与制作音频特效

STEP 03 在"项目"面板中选择导入的视频素材，如图9-30所示。

STEP 04 单击将选择的视频素材拖曳至"时间轴"面板中，即可添加视频素材，如图9-31所示。

图9-30　选择导入的视频素材

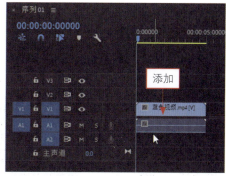

图9-31　添加视频素材

9.3.2 视频与音频的分离

导入一段视频后，接下来需要对视频素材的音频与视频进行分离。

STEP 01 以9.3.1的效果为例，选择视频，如图9-32所示。

STEP 03 执行上述操作后，即可解除音频和视频之间的链接，如图9-34所示。

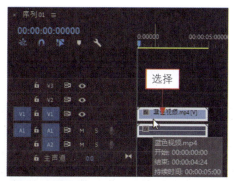

图9-32　选择视频

图9-34　解除音频和视频之间链接

STEP 02 单击鼠标右键弹出快捷菜单，选择"取消链接"命令，如图9-33所示。

STEP 04 设置完成后，将时间线移至素材的开始位置，在"节目监视器"面板中单击"播放-停止切换"按钮，预览视频效果，如图9-35所示。

图9-33　选择"取消链接"命令

图9-35　预览视频效果

9.3.3 为分割的音频添加特效

在Premiere Pro 2020中，分割音频素材后，接下来可以为分割的音频素材添加音频特效。

STEP 01 以9.3.2节的效果为例，❶ 在"效果"面板中展开"音频效果"选项；❷ 选择"多功能延迟"选项，如图9-36所示。

STEP 02 单击并将其拖曳至A1轨道中的音频素材上，拖曳时间线至00:00:02:00的位置，如图9-37所示。

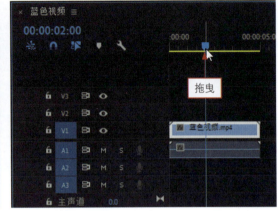

图9-36　选择"多功能延迟"选项　　　　　图9-37　拖曳时间线

STEP 03 ❶ 在"效果控件"面板中展开"多功能延迟"选项；❷ 选中"旁路"复选框；❸ 并设置"延迟1"为1.000秒，如图9-38所示。

STEP 04 ❶ 拖曳时间线至00:00:04:00的位置；❷ 单击"旁路"和"延迟1"左侧的"切换动画"按钮；❸ 添加关键帧，如图9-39所示。

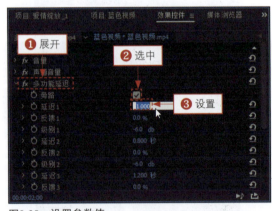
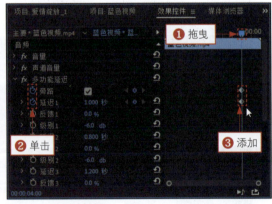

图9-38　设置参数值　　　　　　　　　　图9-39　添加关键帧

STEP 05 取消选中"旁路"复选框，并将时间线拖曳至00:00:07:00的位置，如图9-40所示。

STEP 06 执行上述操作后，选中"旁路"复选框；然后添加关键帧，如图9-41所示，即可添加音频特效。

图9-40 拖曳时间线

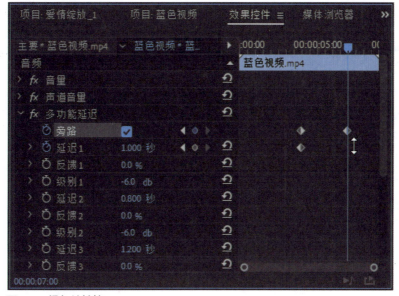

图9-41 添加关键帧

9.3.4 音频混合器的设置

在Premiere Pro 2020中，音频特效添加完成后，接下来将使用音轨混合器来控制添加的音频特效。

STEP 01 以9.3.3节的效果为例，❶ 展开"音轨混合器：蓝色视频"面板；❷ 在其中设置A1选项的参数为3.1；❸ 设置"左/右平衡"为10.0，如图9-42所示。

STEP 02 执行上述操作后，单击"音轨混合器：蓝色视频"面板底部的"播放-停止切换"按钮，即可播放音频，如图9-43所示。

STEP 03 在"节目监视器"面板中单击"播放-停止切换"按钮，预览效果，如图9-44所示。

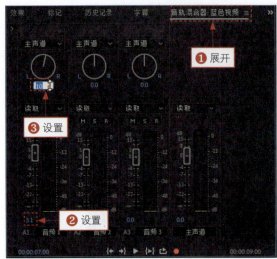

图9-42 设置参数值　　　　　　　图9-43 播放音频

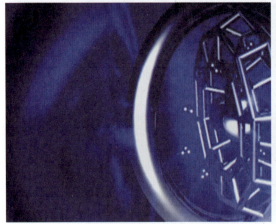
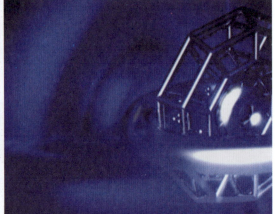

图9-44 预览效果

9.4 制作常用音频效果

在Premiere Pro 2020中，音频在影片中是一个不可或缺的元素，用户可以根据需要制作常用的音频效果。本节主要介绍常用音频效果的制作方法。

9.4.1 案例——音量特效

用户在导入一段音频素材后，在对应的"效果控件"面板中将会显示"音量"选项，用户可以根据需要制作音量特效。

STEP 01 按【Ctrl+O】组合键，打开项目文件"素材\第9章\美食.prproj"，如图9-45所示。

STEP 02 在"项目"面板中选择"美食.jpg"素材文件，将其添加到"时间轴"面板中的V1轨道上，在"节目监视器"面板中可以查看素材画面，如图9-46所示。

第9章　处理与制作音频特效

图9-45　打开项目文件

图9-46　查看素材画面

STEP 03 选择V1轨道上的素材文件，切换至"效果控件"面板，设置"缩放"为20.0，如图9-47所示。

STEP 04 在"项目"面板中选择"美食.mp3"素材文件，将其添加到"时间轴"面板中的A1轨道上，如图9-48所示。

图9-47　设置"缩放"为20.0

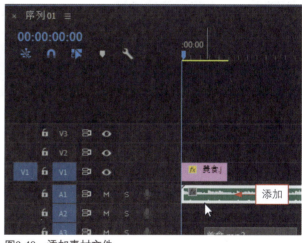

图9-48　添加素材文件

STEP 05 将鼠标指针移至"美食.jpg"素材文件的结尾处，单击并向右拖曳，调整素材文件的持续时间，使其与音频素材的持续时间一致，如图9-49所示。

STEP 06 选择A1轨道上的素材文件，将时间指示器拖曳至00:00:13:00的位置，切换至"效果控件"面板，展开"音量"选项，单击"级别"选项右侧的"添加/移除关键帧"按钮，如图9-50所示。

STEP 07 拖曳时间指示器至00:00:14:23的位置，设置"级别"为-20.0dB，如图9-51所示。

STEP 08 将鼠标指针移至A1轨道名称上，向上滚动鼠标滚轮，展开轨道并显示音量调整效果，如图9-52所示，单击"播放-停止切换"按钮，试听音量特效。

187

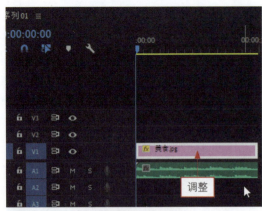

图9-49 调整素材持续时间

图9-50 单击"添加/移除关键帧"按钮

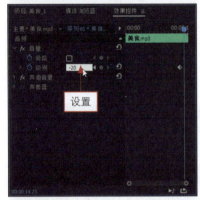

图9-51 设置"级别"为-20.0dB

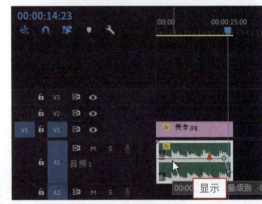

图9-52 展开轨道并显示音量调整效果

9.4.2 案例——降噪特效

可以通过DeNoiser（降噪）特效来降低音频素材中的机器噪音、环境噪音和外音等不应出现的杂音。

 按【Ctrl+O】组合键，打开项目文件"素材\第9章\亲近自然.prproj"，如图9-53所示。

在"项目"面板中选择"亲近自然.jpg"素材文件，并将其添加到"时间轴"面板中的V1轨道上，如图9-54所示。

图9-53 打开项目文件

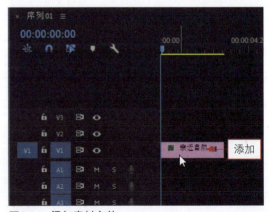

图9-54 添加素材文件

第9章 处理与制作音频特效

STEP 03 选择V1轨道上的素材文件，切换至"效果控件"面板，设置"缩放"为130.0，如图9-55所示。

STEP 04 设置视频缩放效果后，在"节目监视器"面板中能查看素材画面，如图9-56所示。

图9-55　设置"缩放"为130.0　　　　　　　　图9-56　查看素材画面

STEP 05 将"亲近自然.mp3"素材文件添加到"时间轴"面板中的A1轨道上，在"工具"面板中选取剃刀工具，如图9-57所示。

STEP 06 拖曳时间指示器至00:00:05:00的位置，将鼠标指针移至A1轨道上时间指示器的位置单击，如图9-58所示。

图9-57　选取剃刀工具　　　　　　　　图9-58　将鼠标移至A1轨道上

STEP 07 执行上述操作后，即可分割相应的音频素材，如图9-59所示。

STEP 08 在"工具"面板中选取选择工具，选择A1轨道上第2段音频素材，按【Delete】键删除音频素材，如图9-60所示。

 专家指点

用户在使用摄像机拍摄素材时，常常会出现一些电流的声音，此时便可以添加DeNoiser（降噪）或者Notch（消频）特效来消除这些噪音。

图9-59 分割素材文件

图9-60 删除素材文件

STEP 09 选择A1轨道上的音频素材,在"效果"面板中展开"音频效果"选项,双击DeNoiser(过时)选项,如图9-61所示,即为选择的素材添加DeNoiser音频效果。

STEP 10 在"效果控件"面板中展开DeNoiser(过时)选项,单击"自定义设置"选项右侧的"编辑"按钮,如图9-62所示。

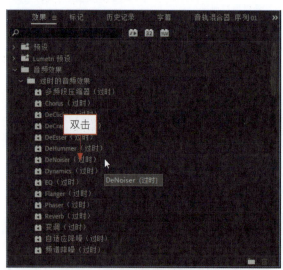

图9-61 双击DeNoiser(过时)选项

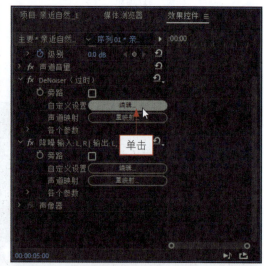

图9-62 单击"编辑"按钮

STEP 11 在弹出的"剪辑效果编辑器"对话框中选中Freeze复选框,在Reduction旋转按钮上单击并拖曳,设置Reduction为-20.0dB,运用同样的操作方法,设置Offset为10.0dB,如图9-63所示,关闭对话框,单击"播放-停止切换"按钮,试听降噪效果。

专家指点

用户也可以在"效果控件"面板中展开"各个参数"选项,在Reduction与Offset选项的右侧输入数字,设置降噪参数,如图9-64所示。

第9章 处理与制作音频特效

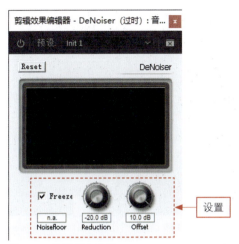

图9-63 设置相应参数

图9-64 设置降噪参数

9.4.3 案例——平衡特效

在Premiere Pro 2020中，通过音质均衡器可以对音频素材的频率进行音量的提升或衰减，下面介绍制作平衡特效的操作方法。

STEP 01 按【Ctrl+O】组合键，打开项目文件"素材\第9章\冰沙.prproj"，如图9-65所示。

STEP 02 在"项目"面板中选择"冰沙.jpg"素材文件，并将其添加到"时间轴"面板中的V1轨道上，如图9-66所示。

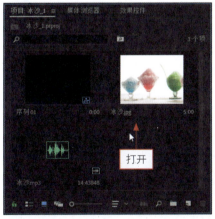

图9-65 打开项目文件

图9-66 添加素材文件

STEP 03 选择V1轨道上的素材文件，切换至"效果控件"面板，设置"缩放"为50.0，在"节目监视器"面板中可以查看素材画面，如图9-67所示。

STEP 04 将"冰沙.mp3"音频素材添加到"时间轴"面板中的A1轨道上，如图9-68所示。

STEP 05 拖曳时间指示器至00:00:05:00的位置，使用剃刀工具分割A1轨道上的音频素材，如图9-69所示。

STEP 06 在"工具"面板中选取选择工具，选择A1轨道上第2段音频素材，按【Delete】键删除音频素材，如图9-70所示。

图9-67　查看素材画面

图9-68　添加音频素材

图9-69　分割音频素材

图9-70　删除音频素材

STEP 07 选择A1轨道上的音频素材，在"效果"面板中展开"音频效果"选项，双击"平衡"选项，如图9-71所示，即可为选择的音频素材添加"平衡"音频效果。

STEP 08 在"效果控件"面板中展开"平衡"选项，选中"旁路"复选框，设置"平衡"为50.0，如图9-72所示，单击"播放-停止切换"按钮，试听平衡特效。

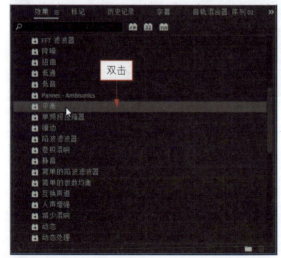

图9-71　双击"平衡"选项

图9-72　设置相应选项

9.4.4 案例——延迟特效

在Premiere Pro 2020中，延迟特效是室内声音特效中常用的一种效果，下面介绍制作延迟特效的操作方法。

STEP 01 按【Ctrl+O】组合键，打开项目文件"素材\第9章\生如夏花.prproj"，如图9-73所示。

STEP 02 在"项目"面板中选择"生如夏花.jpg"素材文件，并将其添加到"时间轴"面板中的V1轨道上，如图9-74所示。

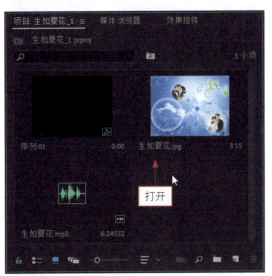

图9-73 打开项目文件　　　　　图9-74 添加素材文件

STEP 03 选择V1轨道上的素材文件，切换至"效果控件"面板，设置"缩放"为60.0，在"节目监视器"面板中可以查看素材画面，如图9-75所示。

STEP 04 将"生如夏花.mp3"音频素材添加到"时间轴"面板中的A1轨道上，如图9-76所示。

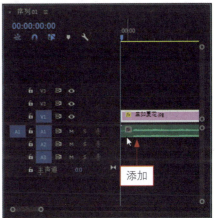

图9-75 查看素材画面　　　　　图9-76 添加音频素材

STEP 05 拖曳时间指示器至00:00:03:00的位置，如图9-77所示。

STEP 06 使用剃刀工具分割A1轨道上的音频素材,如图9-78所示。

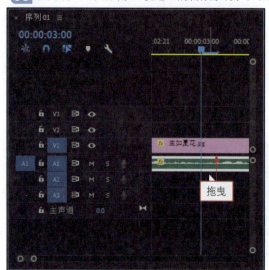

图9-77 拖曳时间指示器　　　　　图9-78 分割音频素材文件

STEP 07 在"工具"面板中选取选择工具,选择A1轨道上第2段音频素材,按【Delete】键删除音频素材文件,如图9-79所示。

STEP 08 将鼠标指针移至"生如夏花.jpg"素材文件的结尾处单击并拖曳,调整素材文件的持续时间,使其与音频素材的持续时间一致,如图9-80所示。

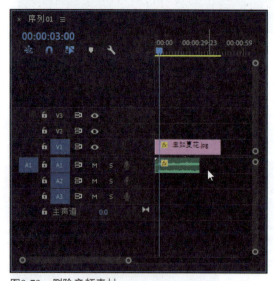 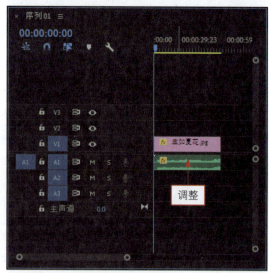

图9-79 删除音频素材　　　　　图9-80 调整素材文件的持续时间

STEP 09 选择A1轨道上的音频素材文件,在"效果"面板中展开"音频效果"选项,双击"延迟"选项,如图9-81所示,即可为选择的素材添加"延迟"音频效果。

STEP 10 拖曳时间指示器至开始位置,在"效果控件"面板中展开"延迟"选项,单击"旁路"选项左侧的"切换动画"按钮,并选中"旁路"复选框,如图9-82所示。

STEP 11 拖曳时间指示器至00:00:06:00的位置,取消选中"旁路"复选框,如图9-83所示。

STEP 12 将时间指示器拖曳至00:00:15:00的位置,再次选中"旁路"复选框,如图9-84所示。单击"播放-停止切换"按钮,试听延迟特效。

图9-81 双击"延迟"选项

图9-82 选中"旁路"复选框

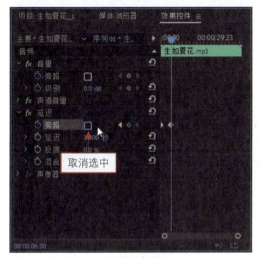

图9-83 取消选中"旁路"复选框

图9-84 再次选中"旁路"复选框

 专家指点

声音是以一定的速度进行传播的,当遇到障碍物后就会反射回来,与原声之间形成差异。在前期录音或后期制作过程中,用户可以利用延时器来模拟不同的延时时间的反射声,从而造成一种空间感。运用"延迟"特效可以为音频素材添加一个回声效果,回声的长度可根据需要进行设置。

 案例——混响特效

在Premiere Pro 2020中,混响特效可以模拟房间内部的声波传播方式,它是一种室内回声效果,能够体现出宽阔回声的真实效果。

 按【Ctrl+O】组合键,打开项目文件"素材\第9章\抱枕.prproj",如图9-85所示。

STEP 02 在"项目"面板中选择"抱枕.jpg"素材文件,并将其添加到"时间轴"面板中的V1轨道上,如图9-86所示。

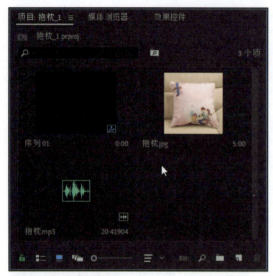

图9-85 打开项目文件　　　　　图9-86 添加素材文件

STEP 03 选择V1轨道上的素材文件,切换至"效果控件"面板,设置"缩放"为80.0,在"节目监视器"面板中可以查看素材画面,如图9-87所示。

STEP 04 将"抱枕.mp3"音频素材添加到"时间轴"面板中的A1轨道上,如图9-88所示。

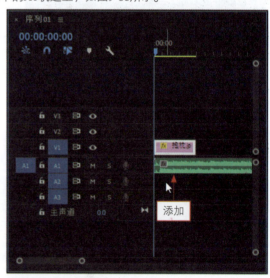

图9-87 查看素材画面　　　　　图9-88 添加音频素材

STEP 05 拖曳时间指示器至00:00:15:00的位置,如图9-89所示。

STEP 06 使用剃刀工具分割A1轨道上的音频素材,运用选择工具选择A1轨道上第2段音频素材,按【Delete】键删除音频素材,如图9-90所示。

STEP 07 将鼠标指针移至"抱枕.jpg"素材文件的结尾处单击并拖曳,调整素材文件的持续时间,使其与音频素材的持续时间一致,如图9-91所示。

第9章 处理与制作音频特效

STEP 08 选择A1轨道上的音频素材，在"效果"面板中展开"音频效果"选项，双击"Reverb（过时）"选项，如图9-92所示，即可为选择的素材添加Reverb音频效果。

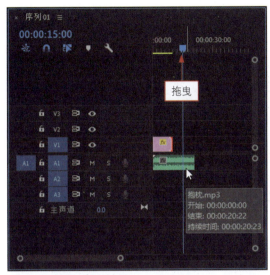

图9-89 拖曳时间指示器

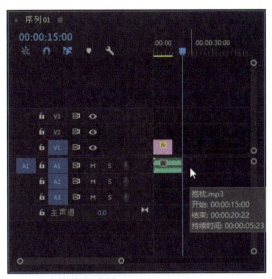

图9-90 删除音频素材

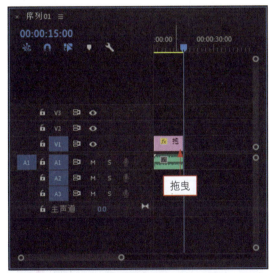

图9-91 调整素材文件的持续时间

图9-92 双击"Reverb（过时）"选项

STEP 09 拖曳时间指示器至00:00:06:00的位置，在"效果控件"面板中展开"Reverb（过时）"选项，单击"旁路"选项左侧的"切换动画"按钮，并选中"旁路"复选框，如图9-93所示。

STEP 10 拖曳时间指示器至00:00:12:00的位置，取消选中"旁路"复选框，如图9-94所示。单击"播放-停止切换"按钮，试听混响特效。

❶ PreDelay：指定信号与回响之间的时间。

❷ Absorption：指定声音被吸收的百分比。

❸ Size：指定空间大小的百分比。

❹ Density：指定回响拖尾的密度。

❺ LoDamp：指定低频的衰减，衰减低频可以防止环境声音造成回响。

❻ HiDamp：指定高频的衰减，高频的衰减可以使回响声音更加柔和。

❼ Mix：控制回响的力度。

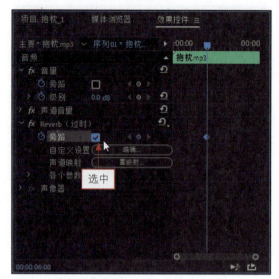

图9-93 选中"旁路"复选框

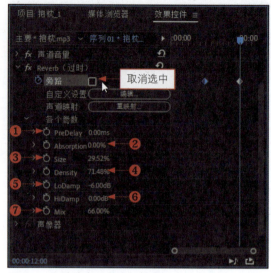

图9-94 取消选中"旁路"复选框

 9.4.6 案例——消除齿音特效

在Premiere Pro 2020中，消除齿音特效主要是用来过滤特定频率范围之外的一切频率。下面介绍制作消除齿音特效的操作方法。

STEP 01 按【Ctrl+O】组合键，打开项目文件"素材\第9章\音乐1.prproj"，如图9-95所示。

STEP 02 在"效果"面板中展开"音频效果"选项，在其中选择"消除齿音"音频效果，如图9-96所示。

图9-95 打开项目文件

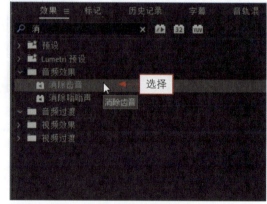

图9-96 选择"消除齿音"音频效果

STEP 03 单击并将其拖曳至A1轨道的音频素材上，释放鼠标左键，即可添加音频效果，如图9-97所示。

STEP 04 在"效果控件"面板中展开"消除齿音"选项，选中"旁路"复选框，如图9-98所示，执行上述操作后，即可完成消除齿音特效的制作。

第9章 处理与制作音频特效

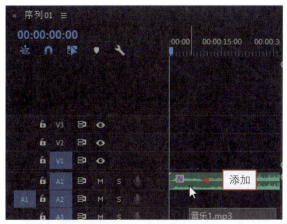

图9-97 添加音频效果

图9-98 选中"旁路"复选框

9.5 制作其他音频效果

了解了一些常用的音频效果后，用户接下来将学习如何制作一些并不常用的音频效果，如Chorus（合成）特效、降爆声（DeCrackler）特效、低通特效及高音特效等。

9.5.1 案例——合成特效

对于仅包含单一乐器或语音的音频信号，运用合成特效可以取得较好的效果。

STEP 01 按【Ctrl+O】组合键，打开项目文件"素材\第9章\音乐2.prproj"，如图9-99所示。

STEP 02 在"效果"面板中选择Chorus（过时）选项，如图9-100所示。

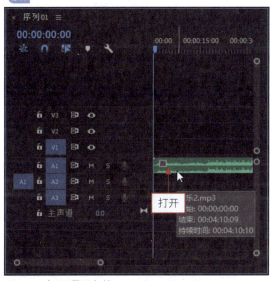

图9-99 打开项目文件

图9-100 选择Chorus（过时）选项

STEP 03 单击并将其拖曳至A1轨道的音频素材上，释放鼠标左键即可添加合成特效，如图9-101所示。

199

STEP 04 在"效果控件"面板中展开"Chorus(过时)"选项,单击"自定义设置"选项右侧的"编辑"按钮,如图9-102所示。

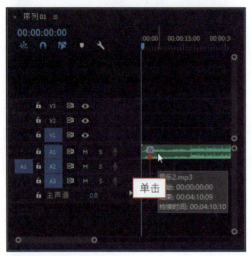

图9-101 添加合成特效

图9-102 单击"编辑"按钮

STEP 05 弹出"剪辑效果编辑器"对话框,设置Rate为7.60、Depth为22.5%、Delay为12.0ms,如图9-103所示,关闭对话框,单击"播放-停止切换"按钮,试听合成特效。

9.5.2 案例——反转特效

在Premiere Pro 2020中,反转特效可以模拟房间内部的声音情况,能表现出宽阔、真实的效果。

STEP 01 按【Ctrl+O】组合键,打开项目文件"素材\第9章\樱花.prproj",如图9-104所示。

STEP 02 在"项目"面板中选择"樱花.jpg"素材文件,并将其添加到"时间轴"面板中的V1轨道上,如图9-105所示。

图9-103 设置相应参数

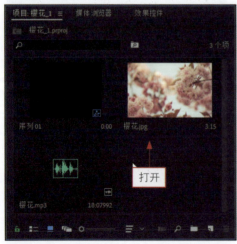

图9-104 打开项目文件

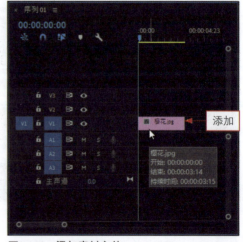

图9-105 添加素材文件

第9章 处理与制作音频特效

STEP 03 选择V1轨道上的素材文件,切换至"效果控件"面板,设置"缩放"为100.0,在"节目监视器"面板中可以查看素材画面,如图9-106所示。

STEP 04 将"樱花.mp3"音频素材添加到"时间轴"面板中的A1轨道上,如图9-107所示。

图9-106 查看素材画面

图9-107 添加音频素材

STEP 05 拖曳时间指示器至00:00:05:00的位置,使用剃刀工具分割A1轨道上的音频素材文件,如图9-108所示。

STEP 06 在工具箱中选取选择工具,选择A1轨道上第2段音频素材,按【Delete】键删除音频素材,选择A1轨道上第1段音频素材,如图9-109所示。

STEP 07 在"效果"面板中展开"音频效果"选项,双击"反转"选项,如图9-110所示,即可为选择的音频素材添加反转音频效果。

STEP 08 在"效果控件"面板中展开"反转"选项,选中"旁路"复选框,如图9-111所示。单击"播放-停止切换"按钮,试听反转特效。

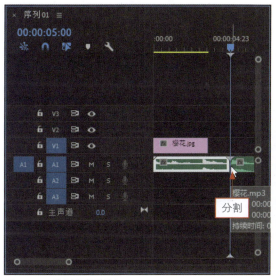

图9-108 分割音频素材

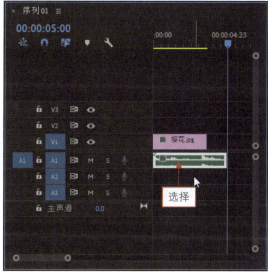

图9-109 选择音频素材

201

图9-110 双击"反转"选项

图9-111 选中"旁路"复选框

9.5.3 案例——低通特效

在Premiere Pro 2020中，低通特效主要用于去除音频素材中的高频部分。

STEP 01 按【Ctrl+O】组合键，打开文件"素材\第9章\美酒.prproj"，如图9-112所示。

STEP 02 在"项目"面板中选择"美酒.jpg"素材文件，并将其添加到"时间轴"面板中的V1轨道上，如图9-113所示。

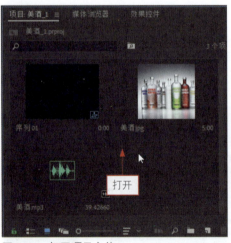
图9-112 打开项目文件

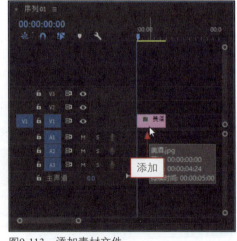
图9-113 添加素材文件

STEP 03 选择V1轨道上的素材文件，切换至"效果控件"面板，设置"缩放"为150.0，在"节目监视器"面板中可以查看素材画面，如图9-114所示。

STEP 04 将"美酒.mp3"音频素材添加到"时间轴"面板中的A1轨道上，如图9-115所示。

STEP 05 拖曳时间指示器至00:00:05:00的位置，使用剃刀工具分割A1轨道上的音频素材，运用选择工具选择A1轨道上第2段音频素材并删除，如图9-116所示。

STEP 06 选择A1轨道上的音频素材，在"效果"面板中展开"音频效果"选项，双击"低通"选项，如图9-117所示，即可为选择的素材添加低通音频效果。

第9章 处理与制作音频特效

图9-114 查看素材画面

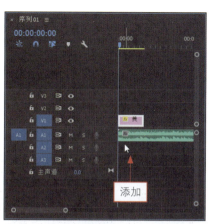

图9-115 添加音频素材

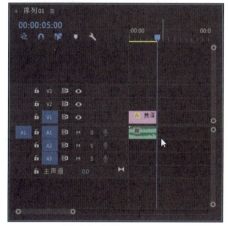

图9-116 删除音频素材

图9-117 双击"低通"选项

STEP 07 拖曳时间指示器至开始位置，在"效果控件"面板中展开"低通"选项，单击"屏蔽度"选项左侧的"切换动画"按钮，如图9-118所示，添加一个关键帧。

STEP 08 拖曳时间指示器至00:00:03:00的位置，设置"屏蔽度"为300.0Hz，如图9-119所示。单击"播放-停止切换"按钮，试听低通特效。

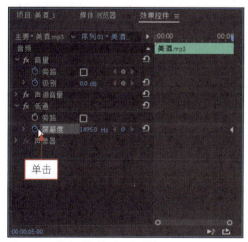

图9-118 单击"切换动画"按钮

图9-119 设置"屏蔽度"为300.0Hz

9.5.4 案例——高通特效

在Premiere Pro 2020中，高通特效主要用于去除音频素材中的低频部分。

STEP 01 按【Ctrl+O】组合键，打开项目文件"素材\第9章\音乐3.prproj"，如图9-120所示。

STEP 02 在"效果"面板中选择"高通"选项，如图9-121所示。

图9-120 打开项目文件

图9-121 选择"高通"选项

STEP 03 单击并将其拖曳至A1轨道的音频素材上，释放鼠标左键即可添加"高通"特效，如图9-122所示。

STEP 04 在"效果控件"面板中展开"高通"选项，设置"屏蔽度"为3500.0Hz，如图9-123所示，执行操作后，即可制作高通特效。

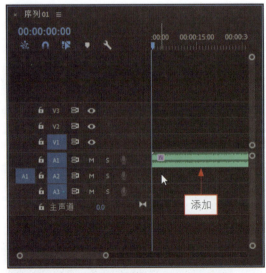

图9-122 添加"高通"特效

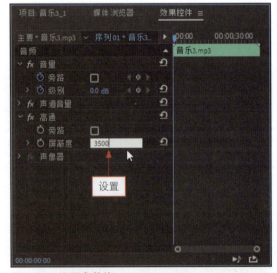

图9-123 设置参数值

9.5.5 案例——高音特效

在Premiere Pro 2020中,高音特效用于对素材音频中的高音部分进行处理,可以增加也可以衰减重音部分同时又不影响素材的其他音频部分。

STEP 01 按【Ctrl+O】组合键,打开项目文件"素材\第9章\音乐4.prproj",如图9-124所示。

STEP 02 在"效果"面板中选择"高音"选项,如图9-125所示。

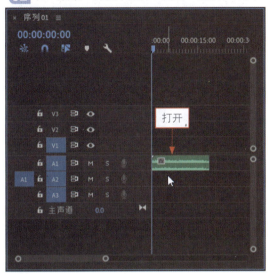

图9-124 打开项目文件

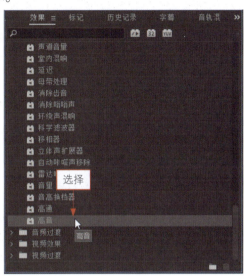

图9-125 选择"高音"选项

STEP 03 单击并将其拖曳至A1轨道的音频素材上,释放鼠标左键即可添加"高音"特效,如图9-126所示。

STEP 04 在"效果控件"面板中展开"高音"选项,设置"提升"为20.0dB,如图9-127所示。执行上述操作后,即可制作高音特效。

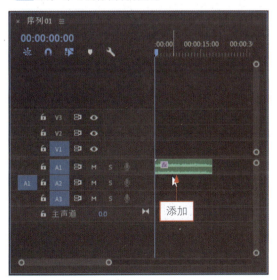

图9-126 添加高音特效

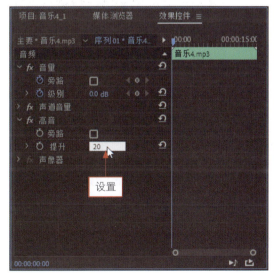

图9-127 设置参数值

9.5.6 案例——低音特效

在Premiere Pro 2020中，低音特效主要用于增加或减少低音频率。

STEP 01 按【Ctrl+O】组合键，打开项目文件"素材\第9章\音乐5.prproj"，如图9-128所示。

STEP 02 在"效果"面板中选择"低音"选项，如图9-129所示。

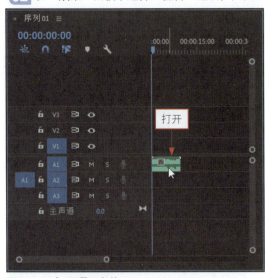

图9-128 打开项目文件

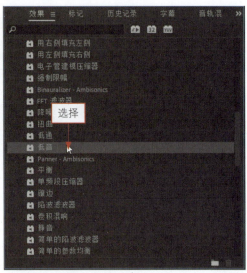

图9-129 选择"低音"选项

STEP 03 单击并将其拖曳至A1轨道的音频素材上，释放鼠标左键即可添加低音特效，如图9-130所示。

STEP 04 在"效果控件"面板中展开"低音"选项，设置"提升"为-10.0dB，如图9-131所示。执行上述操作后，即可制作低音特效。

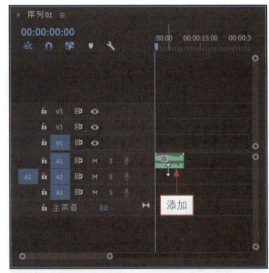

图9-130 添加低音特效

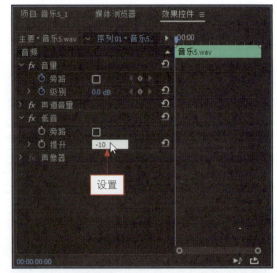

图9-131 设置参数值

第9章　处理与制作音频特效

9.5.7 案例——降爆声特效

在Premiere Pro 2020中，降爆声特效可以消除音频中无声部分的背景噪声。

STEP 01 按【Ctrl+O】组合键，打开项目文件"素材\第9章\音乐6.prproj"，如图9-132所示。

STEP 02 在"效果"面板中选择"DeCrackler（过时）"选项，如图9-133所示。

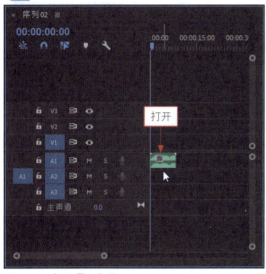

图9-132　打开项目文件

图9-133　选择"DeCrackler（过时）"选项

STEP 03 单击并将其拖曳至A1轨道的音频素材上，释放鼠标左键即可添加降爆声特效，如图9-134所示。

STEP 04 在"效果控件"面板中单击"自定义设置"选项右侧的"编辑"按钮，如图9-135所示。

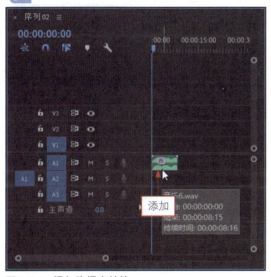

图9-134　添加降爆声特效

图9-135　单击"编辑"按钮

207

STEP 05 弹出"剪辑效果编辑器"对话框，设置Threshold为15%、Reduction为28%，如图9-136所示。执行上述操作后，即可制作降爆声特效。

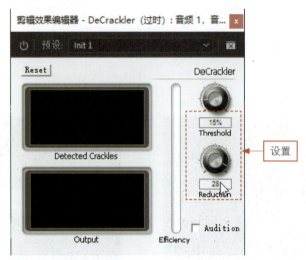

图9-136 设置参数值

9.5.8 案例——滴答声特效

在Premiere Pro 2020中，滴答声（DeClicker）特效可以消除音频素材中的滴答声。

STEP 01 按【Ctrl+O】组合键，打开文件"素材\第9章\音乐7.prproj"，如图9-137所示。

STEP 02 在"效果"面板中选择"DeClicker（过时）"选项，如图9-138所示。

图9-137 打开项目文件

图9-138 选择"DeClicker（过时）"选项

STEP 03 单击并将其拖曳至A1轨道的音频素材上，释放鼠标左键即可添加滴答声特效，如图9-139所示。

STEP 04 在"效果控件"面板中单击"自定义设置"选项右侧的"编辑"按钮,如图9-140所示。

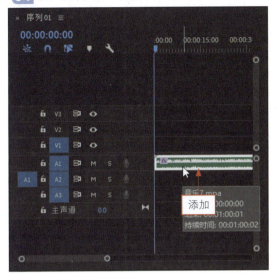

图9-139 添加滴答声特效　　　　　　　　　图9-140 单击"编辑"按钮

STEP 05 弹出"剪辑效果编辑器"对话框,选中Classj单选按钮,如图9-141所示。执行上述操作后,即可制作滴答声特效。

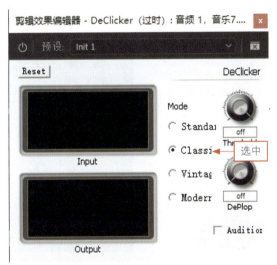

图9-141 选中Classj单选按钮

9.5.9 案例——互换声道特效

在Premiere Pro 2020中,互换声道特效的主要功能是将声道的相位进行反转。

STEP 01 按【Ctrl+O】组合键,打开项目文件"素材\第9章\快乐一夏.prproj",如图9-142所示。

STEP 02 在"项目"面板中选择"快乐一夏.jpg"素材文件,并将其添加到"时间轴"面板中的V1轨道上,如图9-143所示。

209

图9-142　打开项目文件

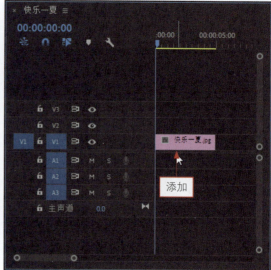

图9-143　添加素材文件

STEP 03 选择V1轨道上的素材文件，切换至"效果控件"面板，设置"缩放"为115.0，在"节目监视器"面板中可以查看素材画面，如图9-144所示。

STEP 04 将"快乐一夏.mp3"音频素材添加到"时间轴"面板的A1轨道上，如图9-145所示。

STEP 05 拖曳时间指示器至00:00:05:00的位置，使用剃刀工具分割A1轨道上的音频素材，运用选择工具选择A1轨道上第2段音频素材并将其删除，然后选择A1轨道上的第1段音频素材，如图9-146所示。

图9-144　查看素材画面

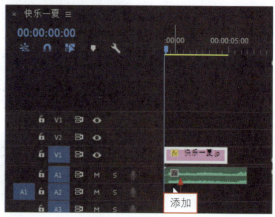

图9-145　添加音频素材

STEP 06 在"效果"面板中展开"音频效果"选项，双击"互换声道"选项，如图9-147所示，即可为选择的音频素材添加"互换声道"音频效果。

STEP 07 拖曳时间指示器至开始位置，在"效果控件"面板中展开"互换声道"选项，单击"旁路"选项左侧的"切换动画"按钮，添加第1个关键帧，如图9-148所示。

STEP 08 再拖曳时间指示器至00:00:03:00的位置，选中"旁路"复选框，添加第2个关键帧，如图9-149所示。单击"播放-停止切换"按钮，试听互换声道特效。

第9章　处理与制作音频特效

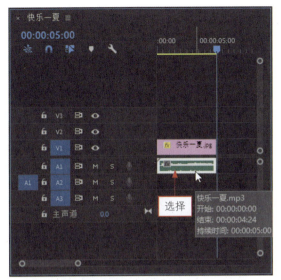

图9-146　选择素材文件

图9-147　双击"互换声道"选项

图9-148　添加第1个关键帧

图9-149　添加第2个关键帧

9.5.10　案例——参数均衡特效

在Premiere Pro 2020中，参数均衡特效主要用于精确地调整一个音频文件的音调，增强或减弱接近中心频率处的声音。

STEP 01 按【Ctrl+O】组合键，打开项目文件"素材\第9章\电脑广告.prproj"，如图9-150所示。

STEP 02 在"项目"面板中选择"电脑广告.jpg"素材文件，并将其添加到"时间轴"面板中的V1轨道上，如图9-151所示。

STEP 03 选择V1轨道上的素材文件，切换至"效果控件"面板，设置"缩放"为110.0，在"节目监视器"面板中可以查看素材画面，如图9-152所示。

STEP 04 将"电脑广告.wav"音频素材添加到"时间轴"面板的A1轨道上，如图9-153所示。

211

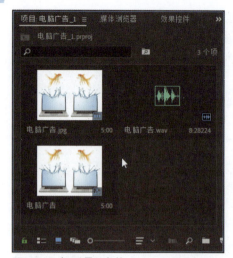

图9-150　打开项目文件

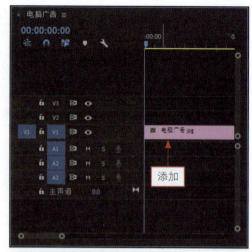

图9-151　添加素材文件

图9-152　查看素材画面

图9-153　添加音频素材

STEP 05 拖曳时间指示器至00:00:05:00的位置，使用剃刀工具分割A1轨道上的音频素材，如图9-154所示。

STEP 06 在"工具"面板中选取选择工具，选择A1轨道上第2段音频素材，按【Delete】键删除音频素材，如图9-155所示。

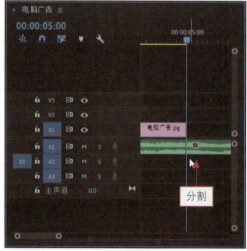

图9-154　分割音频素材

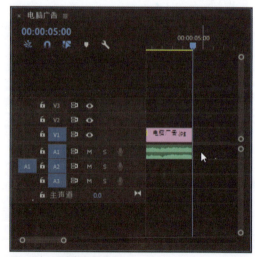

图9-155　删除音频素材

第9章 处理与制作音频特效

STEP 07 选择A1轨道上的音频素材，在"效果"面板中展开"音频效果"选项，双击"简单的参数均衡"选项，如图9-156所示，即可为选择的音频素材添加"简单的参数均衡"音频效果。

STEP 08 在"效果控件"面板中展开"简单的参数均衡"选项，设置"中心"为12000.0Hz、Q为10.1、"提升"为2.0dB，如图9-157所示。单击"播放-停止切换"按钮，试听参数均衡特效。

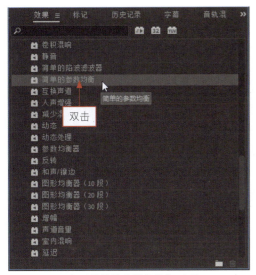

图9-156 双击"简单的参数均衡"选项

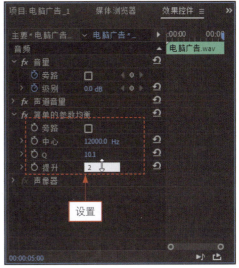

图9-157 设置相应选项

9.5.11 案例——Phaser特效

在Premiere Pro 2020中，Phaser特效主要用来调整引入信号的高音。

STEP 01 按【Ctrl+O】组合键，打开项目文件"素材\第9章\音乐8.prproj"文件，如图9-158所示。

STEP 02 在"效果"面板中"选择Phaser（过时）"选项，如图9-159所示。

图9-158 打开项目文件

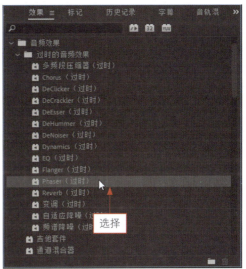

图9-159 选择"Phaser（过时）"选项

213

STEP 03 单击并将其拖曳至A1轨道的音频素材上,释放鼠标左键即可添加合成特效,如图9-160所示。

STEP 04 在"效果控件"面板中展开"Phaser(过时)"|"各个参数"选项,并单击各选项左侧的"切换动画"按钮,如图9-161所示。

图9-160 添加音频特效

图9-161 单击"切换动画"按钮

STEP 05 拖曳"当前时间指示器"至00:00:27:00的位置,单击"预设"按钮,在弹出的列表框中选择soft选项,如图9-162所示。

STEP 06 设置完成后,系统将自动为素材添加关键帧,如图9-163所示,执行上述操作后,即可完成Phaser特效的制作。

图9-162 选择soft选项

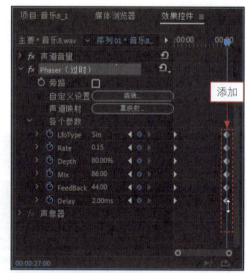

图9-163 添加关键帧

第10章 影视覆叠特效的制作

在Premiere Pro 2020中，叠覆特效是Premiere Pro CS6提供的一种视频编辑方法，它将视频素材添加到视频轨道中之后，然后对视频素材的大小、位置及透明度等属性进行调节，从而产生视频叠加效果。本章主要介绍影视覆叠特效的制作方法与技巧。

本章重点

- Alpha通道与遮罩的认识
- 常用透明叠加的应用
- 制作其他叠加方式

10.1 Alpha通道与遮罩的认识

Alpha通道是图像额外的灰度图层，利用Alpha通道可以将视频轨道中的图像、文字等素材与其他视频轨道中的素材进行组合。本节主要介绍Premiere Pro 2020中的Alpha通道与遮罩特效。

10.1.1 Alpha通道的定义

通道就如同摄影胶片一样，其主要作用是记录图像内容和颜色信息，然而随着图像的颜色模式改变，通道的数量也会改变。

在Premiere Pro 2020中，颜色模式主要以RGB模式为主，Alpha通道可以把所需要的图像分离出来，让画面达到最佳的透明效果。为了更好地理解通道，接下来将通过同样由Adobe公司开发的Photoshop来进行更深的了解。

在启动Photoshop后，打开一幅RGB模式的图像。接下来，用户可以单击"窗口"|"通道"命令，展开RGB颜色模式下的"通道"面板，此时"通道"面板中除了RGB混合通道，还分别有"红""绿""蓝"3个专色通道，如图10-1所示。

当用户打开一幅颜色模式为CMYK的素材图像时，在"通道"面板中的专色通道将变为"青色""洋红""黄色"及"黑色"，如图10-2所示。

图10-1　RGB素材图像的通道

图10-2　CMYK素材图像的通道

10.1.2 通过Alpha通道进行视频叠加

在一般情况下，在Premiere Pro 2020中利用通道进行视频叠加的方法很简单，用户可以根据需要运用Alpha通道进行视频叠加。Alpha通道信息都是静止的图像信息，因此需要运用Photoshop这一类图像编辑软件来生成带有通道信息的图像文件。

在创建完带有通道信息的图像文件后，接下来只需要将带有Alpha通道信息的文件拖曳至Premiere Pro 2020的"时间轴"面板的视频轨道上即可，视频轨道中编号较低的内容将自动透过Alpha通道显示出来。

STEP 01 按【Ctrl+O】组合键，打开项目文件"素材\第10章\清新淡雅.prproj"，如图10-3所示。

图10-3 打开项目文件

STEP 02 在"项目"面板中将素材分别添加至V1和V2轨道上，拖动控制条调整视图，选择V2轨道上的素材，在"效果控件"面板中展开"运动"选项，设置"缩放"为500.0，如图10-4所示。

STEP 03 在"效果"面板中展开"视频效果" | "键控"选项，选择"Alpha调整"视频效果，如图10-5所示，单击并将其拖曳至V2轨道的素材上，即可添加Alpha调整视频效果。

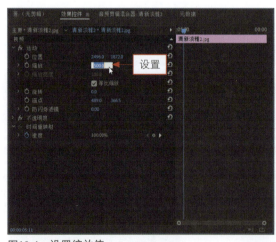

图10-4 设置缩放值

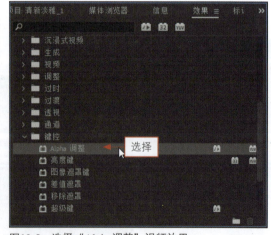

图10-5 选择"Alpha调整"视频效果

STEP 04 将时间线移至素材的开始位置，在"效果控件"面板中展开"Alpha调整"选项，单击"不透明度""反转Alpha"和"仅蒙版"3个选项左侧的"切换动画"按钮，如图10-6所示。

216

STEP 05 然后将当前时间指示器拖曳至00:00:02:10的位置,设置"不透明度"为50.0%,并选中"仅蒙版"复选框,添加关键帧,如图10-7所示。

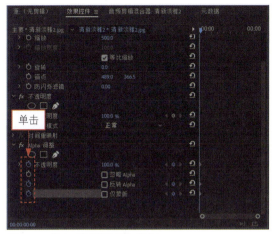
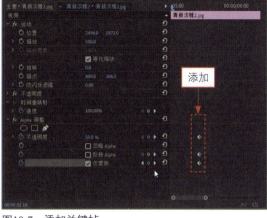

图10-6 单击"切换动画"按钮　　　　　　　　图10-7 添加关键帧

STEP 06 设置完成后,将时间线移至素材的开始位置,在"节目监视器"面板中单击"播放-停止切换"按钮,即可预览视频叠加后的效果,如图10-8所示。

图10-8 预览视频叠加后的效果

10.1.3 了解遮罩的概念

遮罩能够根据自身灰阶的不同,有选择地隐藏素材画面中的内容。在Premiere Pro 2020中,遮罩的作用主要用来隐藏顶层素材画面中的部分内容,并显示下一层画面的内容。

1.无用信号遮罩

"无用信号遮罩"主要针对视频图像的特定键进行处理,"无用信号遮罩"运用多个遮罩点,并在素材画面中连成一个固定的区域,用来隐藏画面中的部分图像。系统提供了4点、8点及16点无信号遮罩特效。

2.色度键

"色度键"特效用于将图像上的某种颜色及与其相似范围的颜色设定为透明,从而可以看见低层的图像。"色度键"特效的作用是利用颜色来制作遮罩效果,这种特效多用在画面有大量近似色的素材中。"色度键"特效也常常用于其他文件的Alpha通道或填充,如果输入的素材是包含背景的Alpha,则可能需要去除图像中的光晕,而光晕通常和背景及图像有很大的差异。

3．亮度键

"亮度键"特效用于将叠加图像的灰度值设置为透明。"亮度键"用来去除素材画面中较暗的部分图像,所以该特效常用于画面明暗差异化特别明显的素材中。

4．非红色键

"非红色键"特效与"蓝屏键"特效的效果类似,其区别在于"蓝屏键"特效去除的是画面中的蓝色图像,而"非红色键"特效不仅可以去除蓝色背景,还可以去除绿色背景。

5．图像遮罩键

"图像遮罩键"特效可以用一幅静态的图像作蒙版。在Premiere Pro 2020中,"图像遮罩键"特效是将素材作为划定遮罩的范围,或者为图像导入一幅带有Alpha通道的图像素材来指定遮罩的范围。

6．差异遮罩键

"差异遮罩键"特效可以将两个图像的相同区域进行叠加。"差异遮罩键"特效用于对比两个相似的图像剪辑,并去除图像剪辑在画面中的相似部分,最终只留下有差异的图像内容。

7．颜色键

"颜色键"特效通过需要改变的颜色来设置透明效果。"颜色键"特效主要运用于大量相似色的素材画面中,其作用是隐藏素材画面中指定的色彩范围。

10.2 常用透明叠加的应用

在Premiere Pro 2020中,用户可以通过对素材透明度的设置,制作出各种透明混合叠加的效果。透明度叠加是将一个素材的部分显示在另一个素材画面上,利用半透明的画面来呈现下一个画面。本节主要介绍运用常用透明叠加的基本操作方法。

10.2.1 案例——应用透明度叠加

在Premiere Pro 2020中,用户可以直接在"效果控件"面板中降低或提高素材的透明度,这样可以让两个轨道的素材同时显示在画面中。

STEP 01 按【Ctrl+O】组合键,打开项目文件"素材\第10章\唐韵古风.prproj",如图10-9所示。

STEP 02 在V2轨道上选择视频素材,如图10-10所示。

STEP 03 在"效果控件"面板中展开"不透明度"选项,单击"不透明度"选项左侧的"切换动画"按钮,添加第一组关键帧,如图10-11所示。

STEP 04 将时间线移至00:00:04:00的位置,设置"不透明度"为50.0%,添加第二组关键帧,如图10-12所示。

第10章　影视覆叠特效的制作

图10-9　打开项目文件

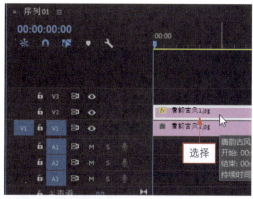

图10-10　选择视频素材

图10-11　添加第一组关键帧

图10-12　添加第二组关键帧

STEP 05 设置完成后，将时间线移至素材的开始位置，在"节目监视器"面板中单击"播放-停止切换"按钮，预览透明度叠加效果，如图10-13所示。

图10-13　预览透明化叠加效果

 专家指点

在 Premiere Pro 2020 "效果控件"面板中，通过拖曳"当前时间指示器"调整时间线位置不准确时，可在"播放指示器位置"文本框中输入需要调整的时间参数，即可精准快速调整到时间线位置。

10.2.2 案例——应用非红色键叠加

"非红色键"特效可以将图像上的背景变成透明色,下面将介绍运用非红色键叠加素材的操作方法。

STEP 01 按【Ctrl+O】组合键,打开项目文件"素材\第10章\字母.prproj",如图10-14所示。

STEP 02 在"效果"面板中选择"非红色键"选项,如图10-15所示。

图10-14 打开项目文件

图10-15 选择"非红色键"选项

STEP 03 单击并将其拖曳至V2轨道的视频素材上,添加视频效果,如图10-16所示。

STEP 04 在"效果控件"面板中设置"阈值"为0.0%、"屏蔽度"为1.5%,即可运用非红色键叠加素材,效果如图10-17所示。

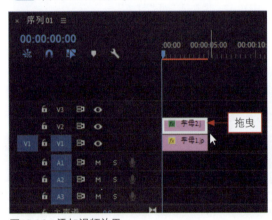

图10-16 添加视频效果

图10-17 运用非红色键叠加素材

10.2.3 案例——应用颜色键透明叠加

在Premiere Pro 2020中,用户可以运用"颜色键"特效制作出一些比较特别的效果叠加。下面介绍如何使用颜色键来制作特殊效果。

STEP 01 按【Ctrl+O】组合键,打开项目文件"素材\第10章\水果.prproj",如图10-18所示。

第10章　影视覆叠特效的制作

STEP 02 在"效果"面板中选择"颜色键"选项，如图10-19所示。

图10-18　打开项目文件

图10-19　选择"颜色键"选项

STEP 03 单击并将其拖曳至V2轨道的素材图像上，添加视频效果，如图10-20所示。

STEP 04 在"效果控件"面板中，设置"主要颜色"为绿色（RGB参数值为45、144、66）、"颜色容差"为50，如图10-21所示。

图10-20　添加视频效果

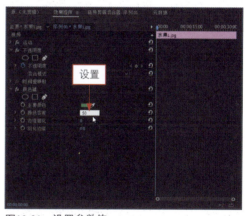

图10-21　设置参数值

STEP 05 执行上述操作后，即可运用颜色键叠加素材，其效果如图10-22所示。

图10-22　运用颜色键叠加素材效果

221

10.2.4 案例——应用亮度键透明叠加

在Premiere Pro 2020中,"亮度键"特效用来抠出图层中指定明亮度或亮度的所有区域。下面介绍通过添加"亮度键"特效去除背景中的黑色区域。

STEP 01 以10.2.3节的效果为例,在"效果"面板中依次展开"键控"|"亮度键"选项,如图10-23所示。

STEP 02 单击并将其拖曳至V2轨道的素材图像上,添加视频效果,如图10-24所示。

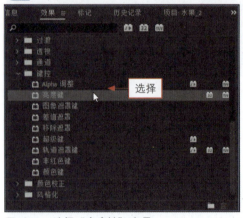

图10-23 选择"亮度键"选项

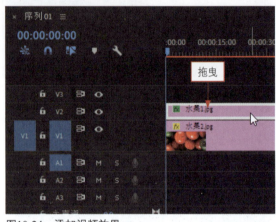

图10-24 添加视频效果

STEP 03 在"效果控件"面板中设置"阈值""屏蔽度"均为100.0%,如图10-25所示。

STEP 04 执行上述操作后,即可运用亮度键叠加素材,效果如图10-26所示。

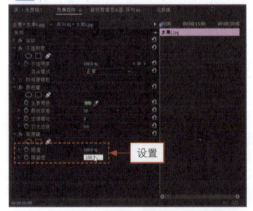

图10-25 设置相应的参数

图10-26 预览视频效果

10.3 制作其他叠加方式

在Premiere Pro 2020中,除了10.2节介绍的叠加方式,还有"字幕"叠加方式、"淡入淡出"叠加方式及"RGB差值键"叠加方式等,这些叠加方式都是相当实用的。本节主要介绍运用这些叠加方式的基本操作方法。

第10章 影视覆叠特效的制作

10.3.1 案例——制作字幕叠加

在Premiere Pro 2020中，华丽的字幕效果往往会让整个影视素材显得更加耀眼。下面介绍运用字幕叠加的操作方法。

STEP 01 按【Ctrl + O】组合键，打开项目文件"素材\第10章\花纹.prproj"，如图10-27所示。

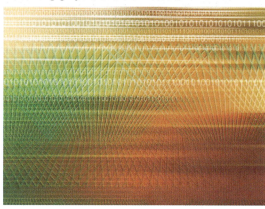

图10-27 打开项目文件

STEP 02 在"效果控件"面板中设置V1轨道素材的"缩放"为135.0，如图10-28所示。

STEP 03 单击"文件"|"新建"|"旧版标题"命令，弹出"新建字幕"对话框，单击"确定"按钮，打开"字幕编辑"窗口，在窗口中输入文字并设置字幕属性，如图10-29所示。

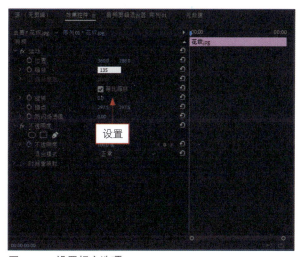

图10-28 设置相应选项　　　　　　　　　图10-29 输入文字

专家指点

在创建字幕的时候，Premiere Pro 2020 中会自动加上 Alpha 通道，所以也能带来透明叠加的效果。在需要进行视频叠加的时候，利用字幕创建工具制作出文字或者图形的可叠加视频内容，然后再利用"时间轴"面板进行编辑即可。

STEP 04 关闭"字幕编辑"窗口，在"项目"面板中拖曳"字幕01"至V3轨道中，如图10-30所示。

STEP 05 选择V2轨道中的素材，在"效果"面板中展开"视频效果"|"键控"选项，选择"轨道遮罩键"视频效果，如图10-31所示。

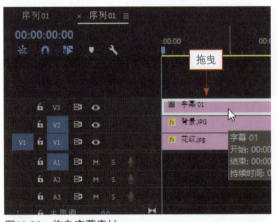

图10-30 拖曳字幕素材　　　　　　　　图10-31 选择"轨道遮罩键"视频效果

STEP 06 单击并将其拖曳至V2轨道中的素材上，在"效果控件"面板中展开"轨道遮罩键"选项，设置"遮罩"为"视频3"，如图10-32所示。

STEP 07 在"效果控件"面板中展开"运动"选项，设置"缩放"为65.0，执行上述操作后，即可完成叠加字幕的制作，效果如图10-33所示。

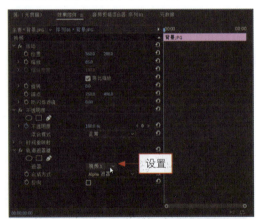

图10-32 设置相应参数　　　　　　　　图10-33 字幕叠加效果

10.3.2 案例——制作差值遮罩键

在Premiere Pro 2020中，"差值遮罩"特效主要用于将视频素材中的一种颜色差值进行透明处理。下面介绍运用差值遮罩的操作方法。

STEP 01 按【Ctrl + O】组合键，打开项目文件"素材\第10章\童年记忆.prproj"，如图10-34所示。

STEP 02 在"效果"面板中展开"视频效果"|"键控"选项，选择"差值遮罩"视频效果，如图10-35所示。

STEP 03 单击并将其拖曳至V2轨道的素材上，添加视频效果，如图10-36所示。

224

第10章 影视覆叠特效的制作

图10-34 打开项目文件

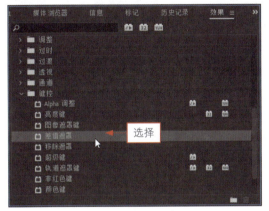
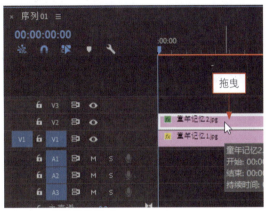

图10-35 选择"差值遮罩"视频效果　　　　图10-36 添加视频效果

STEP 04 在"效果控件"面板中展开"差值遮罩"选项面板；设置"差值图层"为"视频1"，如图10-37所示。

STEP 05 ❶ 单击"匹配容差"和"匹配柔和度"左侧的"切换动画"按钮；❷ 添加关键帧；❸ 并设置"匹配容差"参数为0.0%，效果如图10-38所示。

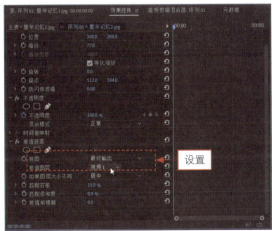
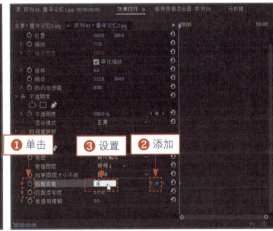

图10-37 设置相应参数　　　　　　　　　图10-38 设置"匹配容差"参数

225

STEP 06 执行上述操作后,设置"如果图层大小不同"为"伸缩以合适",如图10-39所示。

STEP 07 ❶ 将时间线移至00:00:02:00的位置;❷ 设置"匹配容差"为20.0%、"匹配柔和度"为10.0%;❸ 再次添加关键帧,如图10-40所示。

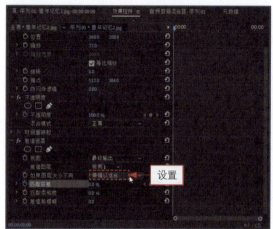

图10-39 预览视频效果　　　　　　　　　　图10-40 再次添加关键帧

STEP 08 设置完成后,在"节目监视器"面板中单击"播放-停止切换"按钮,即可预览制作的叠加效果,如图10-41所示。

图10-41 预览制作的叠加效果

10.3.3 案例——制作淡入淡出叠加

在Premiere Pro 2020中,淡入淡出叠加特效通过对两个或两个以上的素材文件添加"不透明度"特效,并为素材添加关键帧实现素材之间的叠加转换。下面介绍运用淡入淡出叠加的操作方法。

STEP 01 按【Ctrl+O】组合键,打开项目文件"素材\第10章\空山鸟语.prproj",如图10-42所示。

STEP 02 在"效果控件"面板中,分别设置V1和V2轨道中的素材"缩放"为72.0、160.0,如图10-43所示。

STEP 03 选择V2轨道中的素材,在"效果控件"面板中展开"不透明度"选项,设置"不透明度"为0.0%,添加第一组关键帧,如图10-44所示。

第10章 影视覆叠特效的制作

图10-42 打开项目文件

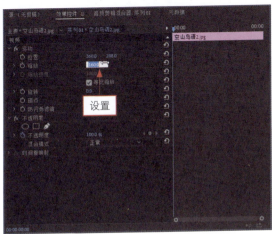
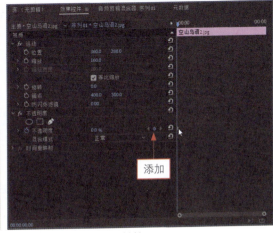

图10-43 设置素材"缩放"　　　　　　　　　　图10-44 添加第一组关键帧

STEP 04 将"当前时间指示器"拖曳至00:00:02:04的位置，设置"不透明度"为100.0%，添加第二组关键帧，如图10-45所示。

STEP 05 将"当前时间指示器"拖曳至00:00:04:05的位置，设置"不透明度"为0.0%，添加第三组关键帧，如图10-46所示。

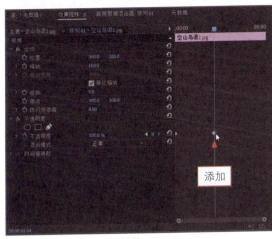
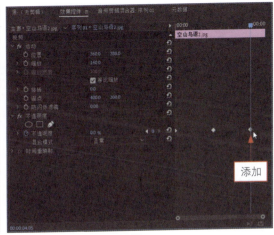

图10-45 添加第二组关键帧　　　　　　　　　　图10-46 添加第三组关键帧

STEP 06 执行上述操作后，将时间线移至素材的开始位置，在"节目监视器"面板中单击"播放-停止切换"按钮，即可预览淡入淡出叠加效果，如图10-47所示。

图10-47 预览淡入淡出叠加效果

专家指点

在 Premiere Pro 2020 中，淡入是指一段视频剪辑开始时由暗变亮的过程，淡出是指一段视频剪辑结束时由亮变暗的过程。淡入淡出叠加效果会增加影视内容本身的一些主观气氛，而不像无技巧剪辑那么生硬。另外，Premiere Pro 2020 中的淡入淡出在影视转场特效中也被称为溶入溶出，或者被称为渐隐与渐显。

10.3.4 案例——制作局部马赛克遮罩效果

在Premiere Pro 2020中，"马赛克"视频效果通常用于遮盖人物脸部，下面介绍制作局部马赛克遮罩效果的方法。

STEP 01 按【Ctrl+O】组合键，打开项目文件"素材\第10章\清新美女.prproj"，并查看项目效果，如图10-48所示。

STEP 02 在"效果"面板中展开"视频效果"|"风格化"选项，选择"马赛克"视频效果，如图10-49所示。

图10-48 查看项目效果　　　　　　图10-49 选择"马赛克"视频效果

第10章 影视覆盖特效的制作

STEP 03 单击并将其拖曳至"时间轴"面板中V1轨道的图像素材上,释放鼠标左键即可添加视频效果,如图10-50所示。

STEP 04 在"效果控件"面板中,❶展开"马赛克"选项面板;❷在其中选择"创建椭圆形蒙版"工具,如图10-51所示。

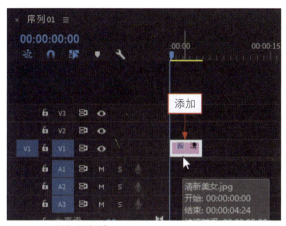

图10-50 添加视频效果

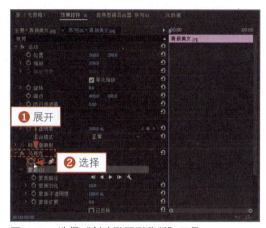

图10-51 选择"创建椭圆形蒙版"工具

专家指点

当用户为动态视频素材制作"马赛克"视频效果时,可以单击"蒙版路径"右侧的"向前跟踪"按钮,跟踪局部遮罩的马赛克区域。

STEP 05 然后在"节目监视器"面板中的图像素材上调整椭圆形蒙版的遮罩大小与位置,如图10-52所示。

STEP 06 调整完成后,在"效果控件"面板中设置"水平块"为50.0、"垂直块"为50.0,如图10-53所示。

图10-52 调整遮罩大小和位置

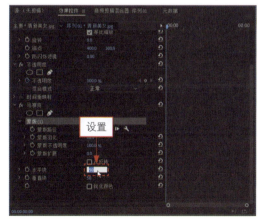

图10-53 设置相应参数

STEP 07 执行上述操作后,将时间线移至素材的开始位置,如图10-54所示。

STEP 08 在"节目监视器"面板中单击"播放-停止切换"按钮,即可预览局部马赛克遮罩效果,如图10-55所示。

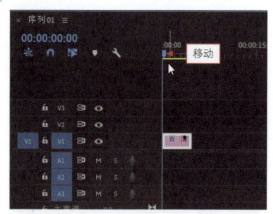
图10-54 将时间线移至开始位置

图10-55 预览局部马赛克遮罩效果

10.3.5 案例——应用设置遮罩叠加效果

在Premiere Pro 2020中，应用"设置遮罩"效果可以通过图层、颜色通道制作遮罩叠加效果。下面介绍运用"设置遮罩"效果的方法。

STEP 01 按【Ctrl+O】组合键，打开项目文件"素材\第10章\游戏场景.prproj"，并查看项目效果，如图10-56所示。

图10-56 查看项目效果

STEP 02 在"项目"面板中选择两个图像素材，如图10-57所示。

STEP 03 将选择的素材依次拖曳至"时间轴"面板的V1和V2轨道中，如图10-58所示。

STEP 04 ❶ 在"效果"面板中展开"视频效果"|"通道"选项；❷ 选择"设置遮罩"视频效果，如图10-59所示。

STEP 05 单击并将其拖曳至V2轨道的素材上，释放鼠标左键即可添加视频效果，如图10-60所示。

STEP 06 在"效果控件"面板中展开"设置遮罩"选项，如图10-61所示。

STEP 07 ❶ 单击"用于遮罩"左侧的"切换动画"按钮；❷ 添加关键帧，如图10-62所示。

第10章 影视覆叠特效的制作

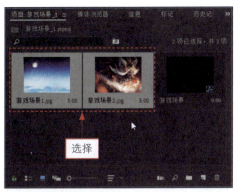

图10-57 选择图像素材

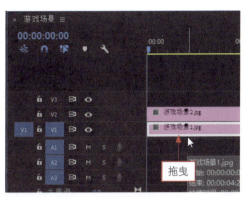

图10-58 拖曳素材至"时间轴"面板

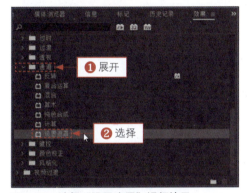

图10-59 选择"设置遮罩"视频效果

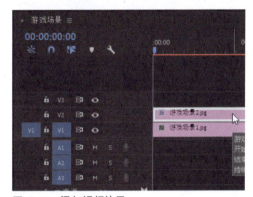

图10-60 添加视频效果

图10-61 展开"设置遮罩"选项

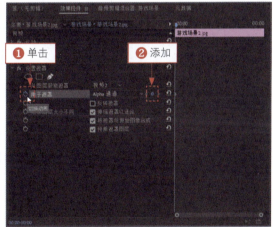

图10-62 添加关键帧

STEP 08 执行上述操作后,将时间线移至00:00:02:00的位置,如图10-63所示。

STEP 09 ❶设置"用于遮罩"为"红色通道";❷再次添加关键帧,如图10-64所示。

STEP 10 用同样的方法,将时间线移至00:00:04:00的位置,如图10-65所示。

STEP 11 然后设置"用于遮罩"为"蓝色通道",如图10-66所示,添加关键帧。

231

图10-63 移动时间线至相应位置

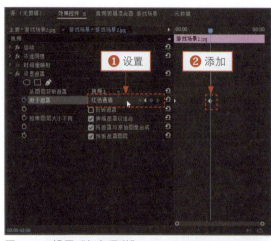

图10-64 设置"红色通道"

图10-65 预览视频效果

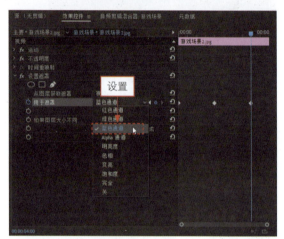

图10-66 设置"蓝色通道"

STEP 12 设置完成后,在"节目监视器"面板中单击"播放-停止切换"按钮,即可预览制作的叠加效果,如图10-67所示。

图10-67 预览制作的叠加效果

第11章 视频运动效果的制作

动态效果是指在原有的视频画面中合成或创建移动、变形和缩放等运动效果。在Premiere Pro 2020中,为静态的素材加入适当的运动效果,可以让画面活动起来,显得更加逼真、生动。本章主要介绍影视运动效果的制作方法与技巧。

本章重点

- 运动关键帧的设置
- 运动效果的精彩运用
- 制作画中画特效

11.1 运动关键帧的设置

在Premiere Pro 2020中,关键帧可以帮助用户控制视频或音频特效的变化,并形成一个变化的过渡效果。

11.1.1 通过时间线添加关键帧

用户在"时间轴"面板中可以针对应用与素材的任意特效添加关键帧,也可以指定添加关键帧的可见性。在"时间轴"面板中为某个轨道上的素材文件添加关键帧之前,首先需要展开相应的轨道,将鼠标指针移至V1轨道的"切换轨道输出"按钮 👁 右侧的空白处,如图11-1所示。双击即可展开V1轨道,如图11-2所示。用户也可以向上滚动鼠标滚轮展开轨道,继续向上滚动鼠标滚轮,显示关键帧控制按钮;向下滚动鼠标滚轮,最小化轨道。

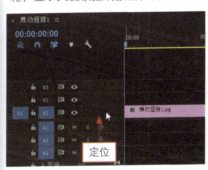
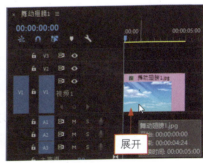

图11-1 将鼠标移至空白处　　图11-2 展开V1轨道

选择"时间轴"面板中的对应素材,单击素材名称右侧的"不透明度"按钮 fx ,在弹出的列表框中选择"运动"|"缩放"选项,如图11-3所示。

将鼠标指针移至连接线的合适位置,按住【Ctrl】键,当鼠标指针呈白色带+号的形状时,单击即可添加关键帧,如图11-4所示。

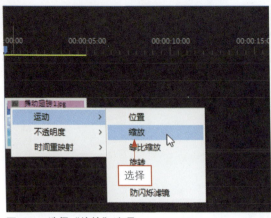

图11-3 选择"缩放"选项　　　　　图11-4 添加关键帧

11.1.2 通过"效果控件"面板添加关键帧

在"效果控件"面板中除了可以添加各种视频特效和音频特效，还可以通过设置选项参数的方法添加关键帧。

选择"时间轴"面板中的素材，并展开"效果控件"面板，单击"旋转"选项左侧的"切换动画"按钮 ⚙ ，如图11-5所示。拖曳时间指示器至合适位置，并设置"旋转"选项的参数，即可添加对应选项的关键帧，如图11-6所示。

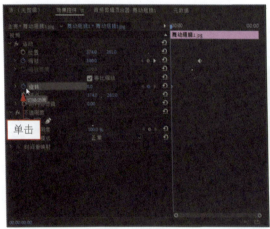 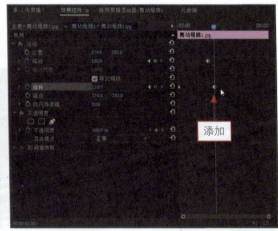

图11-5 单击"切换动画"按钮　　　　　图11-6 添加关键帧

 专家指点

在"时间轴"面板中也可以指定展开轨道后关键帧的可见性。单击"时间轴显示设置"按钮，在弹出的列表框中选择"显示视频关键帧"选项，如图11-7所示。取消该选项前的对钩符号，即可在时间轴中隐藏关键帧，如图11-8所示。

第11章 视频运动效果的制作

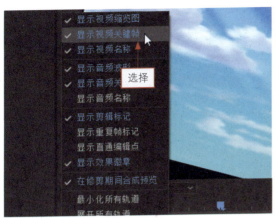

图11-7 选择"显示视频关键帧"选项

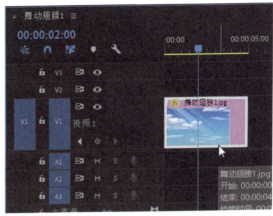

图11-8 隐藏关键帧

11.1.3 关键帧的调节

用户在添加完关键帧后，可以适当调节关键帧的位置和属性，这样可以使运动效果更加流畅。

在Premiere Pro 2020中，调节关键帧同样可以通过"时间轴"面板和"效果控件"面板两种方法来完成。

在"效果控件"面板中，用户只需要选择需要调节的关键帧，如图11-9所示，然后单击将其拖曳至合适位置，即可完成关键帧的调节，如图11-10所示。

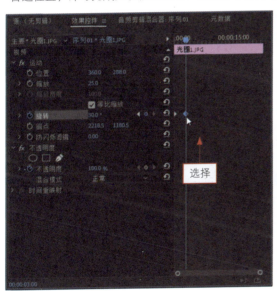

图11-9 选择需要调节的关键帧

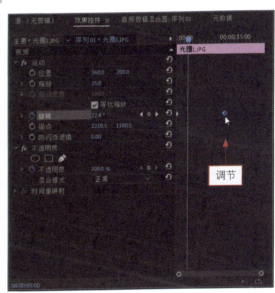

图11-10 调节关键帧

在"时间轴"面板中调节关键帧时，不仅可以调整其位置，同时还可以调节其参数的变化。如果用户向上拖曳关键帧，则对应参数将会增加，如图11-11所示；反之，如果用户向下拖曳关键帧，则对应参数将会减少，如图11-12所示。

235

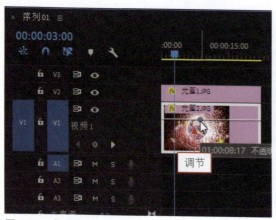
图11-11　向上调节关键帧

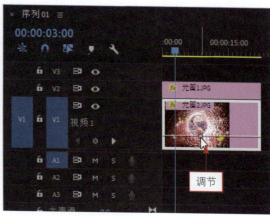
图11-12　向下调节关键帧

11.1.4　关键帧的复制和粘贴

当用户需要创建多个相同参数的关键帧时，可以使用复制和粘贴关键帧的方法快速添加关键帧。

在Premiere Pro 2020中，用户首先需要复制关键帧。选择需要复制的关键帧后，单击鼠标右键，在弹出的快捷菜单中选择"复制"命令，如图11-13所示。

接下来，拖曳"当前时间指示器"至合适位置，在"效果控件"面板内单击鼠标右键，在弹出的快捷菜单中选择"粘贴"命令，如图11-14所示，执行上述操作后，即可复制一个相同的关键帧。

图11-13　选择"复制"命令

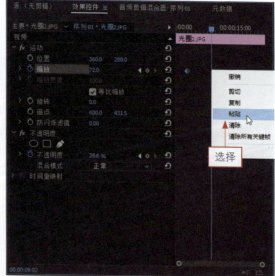
图11-14　选择"粘贴"命令

▶ 专家指点

在 Premiere Pro 2020 中，用户还可以通过以下两种方法复制和粘贴关键帧。

单击"编辑"|"复制"命令或者按【Ctrl + C】组合键，复制关键帧。

单击"编辑"|"粘贴"命令或者按【Ctrl + V】组合键，粘贴关键帧。

11.1.5 关键帧的切换

在Premiere Pro 2020中，用户可以在已添加的关键帧之间进行快速切换。

在"效果控件"面板中选择已添加关键帧的素材后，单击"转到下一关键帧"按钮，即可快速切换至第二关键帧，如图11-15所示。当用户单击"转到上一关键帧"时，即可切换至第一关键帧，如图11-16所示。

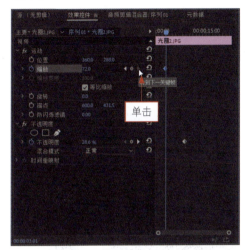

图11-15　转到下一关键帧

图11-16　转到上一关键帧

11.1.6 关键帧的删除

在Premiere Pro 2020中，当用户对添加的关键帧不满意时，可以将其删除，并重新添加新的关键帧。

用户在删除关键帧时，可以通过在"时间轴"面板选中要删除的关键帧，单击鼠标右键，在弹出的快捷菜单中选择"删除"命令，即可删除关键帧，如图11-17所示。当用户需要创建多个相同参数的关键帧时，便可使用复制和粘贴关键帧的方法快速添加关键帧。

如果用户需要删除素材中的所有关键帧，除了运用上述方法，还可以直接单击"效果控件"面板中对应选项左侧的"切换动画"按钮，此时，系统将弹出信息提示框，如图11-18所示。单击"确定"按钮，即可删除素材中的所有关键帧。

图11-17　选择"删除"命令

图11-18　单击"确定"按钮

11.2 运动效果的精彩运用

通过对关键帧的学习，用户已经了解运动效果的基本原理了。在本节中可以从制作运动效果的一些基本操作开始学习，并逐渐熟练掌握各种运动特效的制作方法。

11.2.1 案例——飞行运动特效

在制作飞行运动特效的过程中，用户可以通过设置"位置"选项的参数得到一段镜头飞过的画面效果。

STEP 01 按【Ctrl+O】组合键，打开项目文件"素材\第11章\童年.prproj"，如图11-19所示。

图11-19 打开项目文件

STEP 02 选择V2轨道上的素材文件，在"效果控件"面板中单击"位置"选项左侧的"切换动画"按钮，设置"位置"为（650.0，120.0）、"缩放"为25.0，添加第一组关键帧，如图11-20所示。

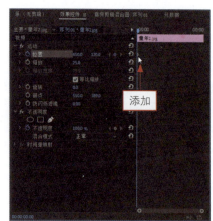

图11-20 添加第一组关键帧

专家指点

在Premiere Pro 2020中经常会看到在一些镜头画面的上面飞过其他镜头，同时两个镜头的视频内容照常进行，这就是设置运动方向的效果。在Premiere Pro 2020中，视频的运动方向设置可以在"效果控件"面板的"运动"特效中得到实现，而"运动"特效是视频素材自带的特效，不需要在"效果"面板中选择特效即可进行应用。

STEP 03 拖曳时间指示器至00:00:02:00的位置，在"效果控件"面板中设置"位置"为（155.0，370.0），添加第二组关键帧，如图11-21所示。

图11-21 添加第二组关键帧

STEP 04 拖曳时间指示器至00:00:04:00的位置，在"效果控件"面板中设置"位置"为（600.0，770.0），添加第三组关键帧，如图11-22所示。

图11-22 添加第三组关键帧

第11章 视频运动效果的制作

STEP 05 执行上述操作后，即可制作飞行运动效果，将时间线移至素材的开始位置，在"节目监视器"面板中单击"播放-停止切换"按钮，即可预览飞行运动效果，如图11-23所示。

图11-23　预览视频效果

11.2.2 案例——缩放运动特效

缩放运动效果是指对象以从小到大或从大到小的形式展现在观众的眼前。

STEP 01 按【Ctrl+O】组合键，打开项目文件"素材\第11章\草莓.prproj"，如图11-24所示。

STEP 02 选择V1轨道上的素材文件，在"效果控件"面板中设置"缩放"为99.0，如图11-25所示。

图11-24　打开项目文件

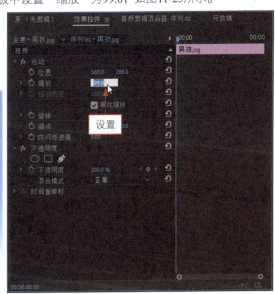

图11-25　设置"缩放"为99.0

STEP 03 设置视频缩放效果后，在"节目监视器"面板中能查看素材画面，如图11-26所示。

STEP 04 选择V2轨道上的素材，在"效果控件"面板中单击"位置""缩放"及"不透明度"选项左侧的"切换动画"按钮，设置"位置"为（360.0，288.0）、"缩放"为0.0、"不透明度"为0.0%，添加第一组关键帧，如图11-27所示。

239

图11-26　查看素材画面

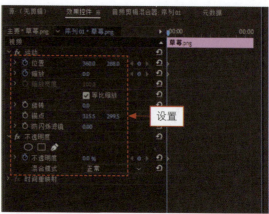

图11-27　添加第一组关键帧

STEP 05　拖曳时间指示器至00:00:01:20的位置，设置"缩放"为80.0、"不透明度"为100.0%，添加第二组关键帧，如图11-28所示。

STEP 06　单击"位置"选项右侧的"添加/移除关键帧"按钮，如图11-29所示，即可添加关键帧。

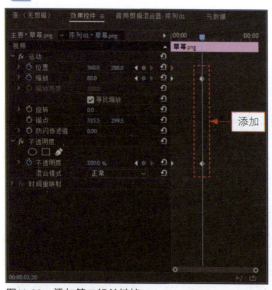

图11-28　添加第二组关键帧

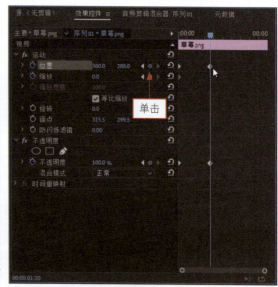

图11-29　单击"添加/移除关键帧"按钮

STEP 07　拖曳时间指示器至00:00:04:10的位置，选择"运动"选项，如图11-30所示。

STEP 08　执行上述操作后，在"节目监视器"面板中显示运动控件，如图11-31所示。

STEP 09　在"节目监视器"面板中单击运动控件的中心并拖曳，调整素材位置，拖曳素材四周的控制点，调整素材大小，如图11-32所示。

STEP 10　切换至"效果"面板，展开"视频效果"|"透视"选项，双击"投影"选项，如图11-33所示，即可为选择的素材添加投影效果。

STEP 11　在"效果控件"面板中展开"投影"选项，设置"距离"为10.0、"柔和度"为15.0，如图11-34所示。

STEP 12　单击"播放-停止切换"按钮，预览视频效果，如图11-35所示。

第11章 视频运动效果的制作

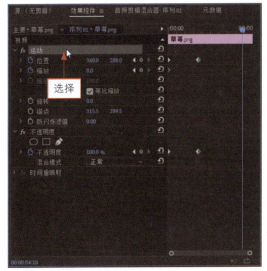

图11-30 选择"运动"选项

图11-31 显示运动控件

图11-32 调整素材

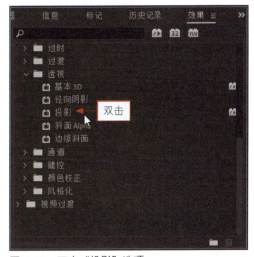

图11-33 双击"投影"选项

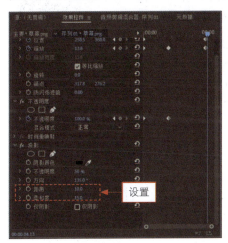

图11-34 设置相应参数

图11-35 预览视频效果

> **专家指点**

在Premiere Pro 2020中，缩放运动效果在影视节目中运用比较频繁，该效果不但操作简单，而且制作的画面对比较强，表现力丰富。在工作界面中，为影片素材制作缩放运动效果后，如果对效果不满意，则可以展开"特效控制台"面板，在其中设置相应"缩放"参数，即可改变缩放运动效果。

11.2.3 案例——旋转降落特效

在Premiere Pro 2020中，旋转运动效果可以将素材围绕指定的轴进行旋转。

STEP 01 按【Ctrl+O】组合键，打开项目文件"素材\第11章\可爱小猪.prproj"，如图11-36所示。

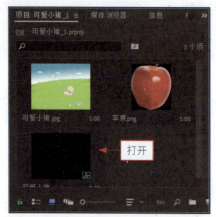

图11-36 打开项目文件

STEP 02 在"项目"面板中选择素材文件，分别将两个素材添加到"时间轴"面板中的V1与V2轨道上，如图11-37所示。

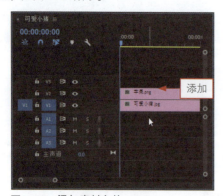

图11-37 添加素材文件

STEP 03 选择V2轨道上的素材文件，切换至"效果控件"面板，设置"位置"为（360.0，-30.0）、"缩放"为9.5；单击"位置"与"旋转"选项左侧的"切换动画"按钮，添加第一组关键帧，如图11-38所示。

图11-38 添加第一组关键帧

STEP 04 拖曳时间指示器至00:00:00:13的位置，在"效果控件"面板中设置"位置"为（360.0，50.0）、"旋转"为-180.0°，添加第二组关键帧，如图11-39所示。

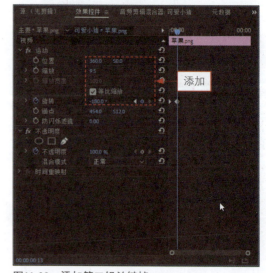

图11-39 添加第二组关键帧

第11章 视频运动效果的制作

STEP 05 拖曳时间指示器至00:00:03:00的位置，在"效果控件"面板中设置"位置"为（467.0，357.0）、"旋转"为2.0°，添加第三组关键帧，如图11-40所示。

STEP 06 单击"播放-停止切换"按钮，预览视频效果，如图11-41所示。

图11-41 预览视频效果

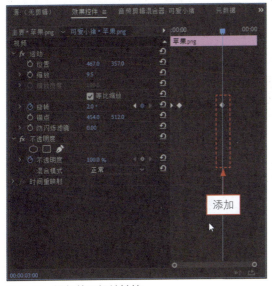

图11-40 添加第三组关键帧

> **专家指点**
>
> 在"效果控件"面板中，"旋转"选项是指以对象的轴心为基准将对象进行旋转，用户可将对象进行任意角度的旋转。

 11.2.4 案例——镜头推拉特效

在视频节目中，制作镜头的推拉可以增加画面的视觉效果。下面介绍如何制作镜头的推拉效果。

STEP 01 按【Ctrl+O】组合键，打开项目文件"素材\第11章\爱的婚纱.prproj"，如图11-42所示。

STEP 02 在"项目"面板中选择"爱的婚纱.jpg"素材文件，并将其添加到"时间轴"面板中的V1轨道上，如图11-43所示。

图11-42 打开项目文件

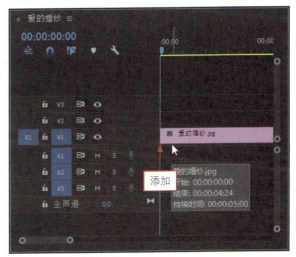

图11-43 添加素材文件

243

STEP 03 选择V1轨道上的素材文件,在"效果控件"面板中设置"缩放"为95.0,如图11-44所示。

STEP 04 将"爱的婚纱.png"素材文件添加到"时间轴"面板中的V2轨道上,如图11-45所示。

图11-44 设置"缩放"为95.0

图11-45 添加素材文件

STEP 05 选择V2轨道上的素材,在"效果控件"面板中单击"位置"与"缩放"选项左侧的"切换动画"按钮,设置"位置"为(110.0,90.0)、"缩放"为10.0,添加第一组关键帧,如图11-46所示。

STEP 06 拖曳时间指示器至00:00:02:00的位置,设置"位置"为(600.0,90.0)、"缩放"为25.0,添加第二组关键帧,如图 11-47所示。

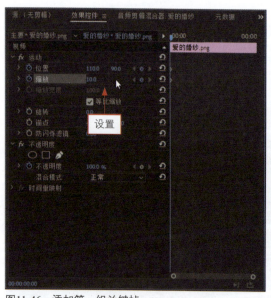

图11-46 添加第一组关键帧

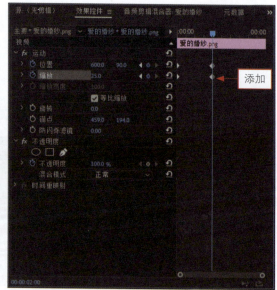

图11-47 添加第二组关键帧

STEP 07 拖曳时间指示器至00:00:03:00的位置,设置"位置"为(350.0,160.0)、"缩放"为30.0,添加第三组关键帧如图 11-48所示。

STEP 08 单击"播放-停止切换"按钮,预览视频效果,如图11-49所示。

第11章　视频运动效果的制作

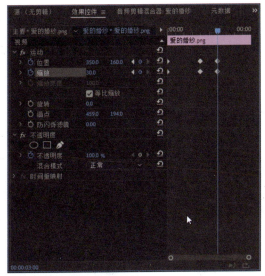

图11-48　添加第三组关键帧

图11-49　预览视频效果

 案例——字幕漂浮特效

字幕漂浮效果主要通过调整字幕的位置来制作运动效果，然后为字幕添加透明度效果来制作漂浮效果。

 专家指点

在Premiere Pro 2020中，字幕漂浮效果是指为文字添加波浪特效后，通过设置相关的参数，可以模拟水波流动的效果。

STEP 01 按【Ctrl+O】组合键，打开项目文件"素材\第11章\父亲节快乐.prproj"，如图11-50所示。

STEP 02 在"项目"面板中选择"父亲节快乐.jpg"素材文件，并将其添加到"时间轴"面板中的V1轨道上，如图11-51所示。

STEP 03 选择V1轨道上的素材文件，在"效果控件"面板中设置"缩放"为50.0，如图11-52所示。

STEP 04 将"父亲节快乐"字幕文件添加到"时间轴"面板中的V2轨道上，调整素材的区间位置，并设置"缩放"为25，如图11-53所示。

245

图11-50 打开项目文件

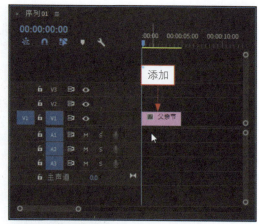

图11-51 添加素材文件

图11-52 设置"缩放"为50.0

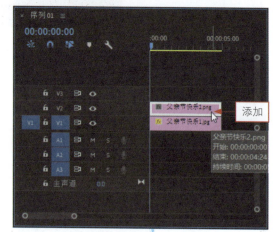

图11-53 添加字幕文件

STEP 05 在"时间轴"面板中添加素材文件后,在"节目监视器"面板中可以查看素材画面,如图11-54所示。

STEP 06 选择V2轨道上的素材文件,切换至"效果"面板,展开"视频效果"|"扭曲"选项,双击"波形变形"选项,如图11-55所示,即可为选择的素材添加波形变形效果。

图11-54 查看素材画面

图11-55 双击"波形变形"选项

第11章　视频运动效果的制作

STEP 07 在"效果控件"面板中，单击"位置"与"不透明度"选项左侧的"切换动画"按钮，设置"位置"为（300.0，250.0）、"不透明度"为50.0%，添加第一组关键帧，如图11-56所示。

STEP 08 拖曳时间指示器至00:00:02:00的位置，设置"位置"为（300.0，300.0）、"不透明度"为60.0%，添加第二组关键帧，如图11-57所示。

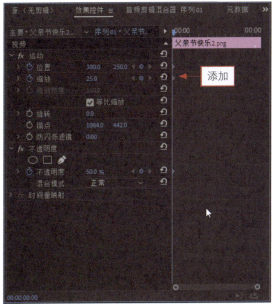
图11-56　添加第一组关键帧

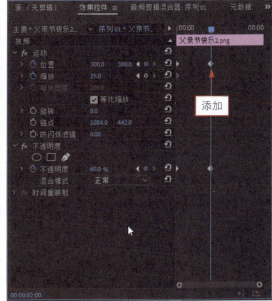
图11-57　添加第二组关键帧

STEP 09 拖曳时间指示器至00:00:03:24的位置，设置"位置"为（400.0，200.0）、"不透明度"为100.0%，添加第三组关键帧，如图11-58所示。

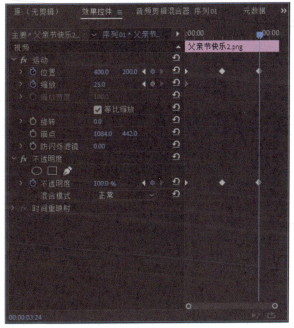
图11-58　添加第三组关键帧

STEP 10 单击"播放-停止切换"按钮,预览视频效果,如图11-59所示。

图11-59　预览视频效果

11.2.6　案例——字幕逐字输出特效

在Premiere Pro 2020中,用户可以通过"裁剪"特效制作字幕逐字输出效果。下面介绍制作字幕逐字输出效果的操作方法。

STEP 01 按【Ctrl+O】组合键,打开项目文件"素材\第11章\梦想家园.prproj",如图11-60所示。

STEP 02 在"项目"面板中选择"梦想家园.jpg"素材文件,并将其添加到"时间轴"面板中的V1轨道上,如图11-61所示。

 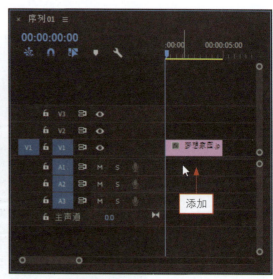

图11-60　打开项目文件　　　　　　　　图11-61　添加素材文件

STEP 03 选择V1轨道上的素材文件,在"效果控件"面板中设置"缩放"为80.0,如图11-62所示。

STEP 04 将"梦想家园"字幕文件添加到"时间轴"面板中的V2轨道上,按住【Shift】键的同时选择两个素材文件,单击鼠标右键,在弹出的快捷菜单中选择"速度/持续时间"命令,如图11-63所示。

第11章 视频运动效果的制作

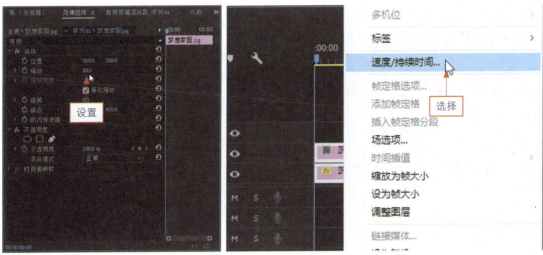

图11-62 设置"缩放"为80.0　　图11-63 选择"速度/持续时间"命令

STEP 05 在弹出的"剪辑速度/持续时间"对话框中设置"持续时间"为00:00:10:00，如图11-64所示。

STEP 06 单击"确定"按钮设置持续时间，在"时间轴"面板中选择V2轨道上的字幕文件，如图11-65所示。

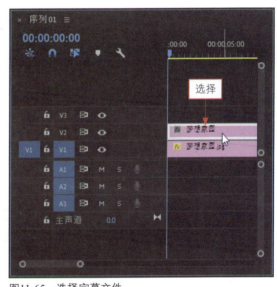

图11-64 设置"持续时间"参数　　图11-65 选择字幕文件

STEP 07 切换至"效果"面板，展开"视频效果"|"变换"选项，双击"裁剪"选项，如图11-66所示，即可为选择的素材添加裁剪效果。

STEP 08 在"效果控件"面板中展开"裁剪"选项，拖曳时间指示器至00:00:00:12的位置，单击"右侧"与"底部"选项左侧的"切换动画"按钮，设置"右侧"为100.0%、"底部"为81.0%，添加第一组关键帧，如图11-67所示。

STEP 09 执行上述操作后，在"节目监视器"面板中可以查看素材画面，如图11-68所示。

STEP 10 拖曳时间指示器至00:00:00:13的位置，设置"右侧"为83.5%、"底部"为81.0%，添加第二组关键帧，如图11-69所示。

249

图11-66 双击"裁剪"选项

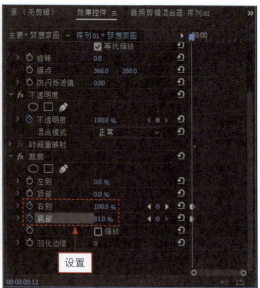

图11-67 添加第一组关键帧

图11-68 查看素材画面

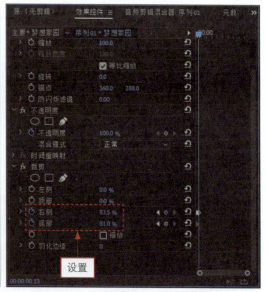

图11-69 添加第二组关键帧

STEP 11 拖曳时间指示器至00:00:01:00的位置，设置"右侧"为78.5%、"底部"为81.0%，添加第三组关键帧，如图11-70所示。

STEP 12 拖曳时间指示器至00:00:01:13的位置，设置"右侧"为71.5%、"底部"为81.0%，添加第四组关键帧，如图11-71所示。

STEP 13 拖曳时间指示器至00:00:02:00的位置，设置"右侧"为71.5%、"底部"为0.0%，添加第五组关键帧，如图11-72所示。

STEP 14 用同样的操作方法，在"时间轴"面板的其他位置添加相应的关键帧，并设置关键帧的参数，如图11-73所示。

第11章 视频运动效果的制作

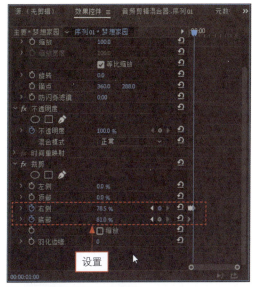

图11-70 添加第三组关键帧

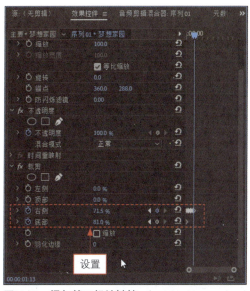

图11-71 添加第四组关键帧

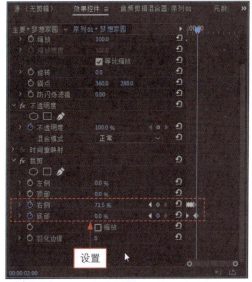

图11-72 添加第五组关键帧

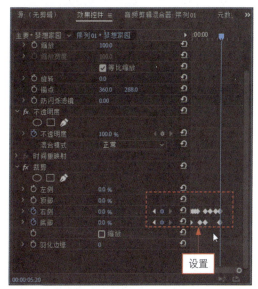

图11-73 添加其他关键帧

STEP 15 单击"播放-停止切换"按钮，预览视频效果，如图11-74所示。

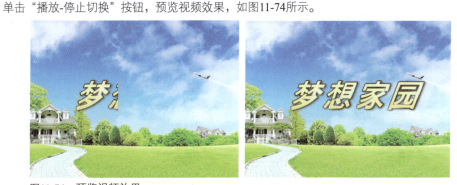

图11-74 预览视频效果

251

11.2.7 案例——字幕立体旋转特效

在Premiere Pro 2020中，用户可以通过"基本3D"特效制作字幕立体旋转效果。下面介绍制作字幕立体旋转效果的操作方法。

STEP 01 按【Ctrl+O】组合键，打开项目文件"素材\第11章\美丽风景.prproj"，如图11-75所示。

STEP 02 在"项目"面板中选择"美丽风景.jpg"素材文件，并将其添加到"时间轴"面板中的V1轨道上，如图11-76所示。

图11-75 打开项目文件

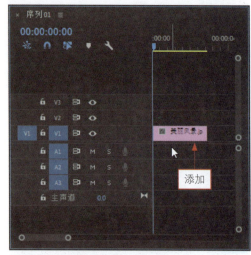

图11-76 添加素材文件

STEP 03 选择V1轨道上的素材文件，在"效果控件"面板中设置"缩放"为80.0，如图11-77所示。

STEP 04 将"美丽风景"字幕文件添加到"时间轴"面板中的V2轨道上，如图11-78所示。

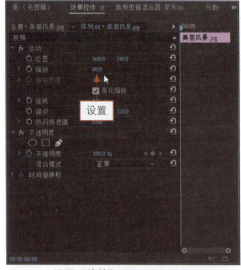

图11-77 设置"缩放"为80.0

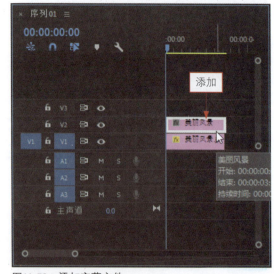

图11-78 添加字幕文件

第11章 视频运动效果的制作

STEP 05 选择V2轨道上的素材文件，在"效果控件"面板中设置"位置"为（360.0，260.0），如图11-79所示。

STEP 06 切换至"效果"面板，展开"视频效果"|"透视"选项，双击"基本3D"选项，如图11-80所示，即可为选择的素材添加"基本3D"效果。

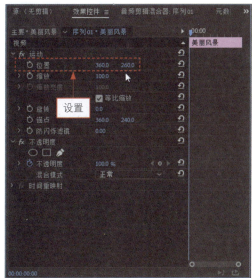 

图11-79 设置"位置"参数　　　　　　　　图11-80 双击"基本3D"选项

STEP 07 拖曳时间指示器至时间轴的开始位置，在"效果控件"面板中展开"基本3D"选项，单击"旋转""倾斜"及"与图像的距离"选项左侧的"切换动画"按钮，设置"旋转"为0.0°、"倾斜"为0.0°及"与图像的距离"为100.0，添加第一组关键帧，如图11-81所示。

STEP 08 拖曳时间指示器至00:00:01:00的位置，设置"旋转"为1×0.0°、"倾斜"为0.0°及"与图像的距离"为200.0，添加第二组关键帧，如图11-82所示。

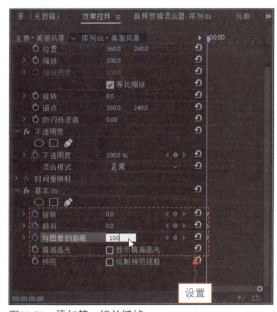 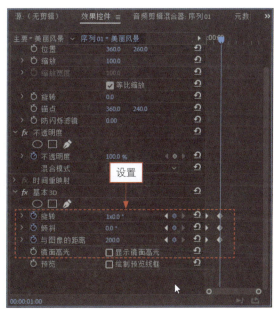

图11-81 添加第一组关键帧　　　　　　　　图11-82 添加第二组关键帧

STEP 09 拖曳时间指示器至00:00:02:00的位置，设置"旋转"为1×0.0°、"倾斜"为1×0.0°及"与图像的距离"为100.0，添加第三组关键帧，如图11-83所示。

STEP 10 拖曳时间指示器至00:00:03:00的位置，设置"旋转"为2×0.0°、"倾斜"为2×0.0°及"与图像的距离"为0.0，添加第四组关键帧，如图11-84所示。

图11-83　添加第三组关键帧

图11-84　添加第四组关键帧

STEP 11 单击"播放-停止切换"按钮，预览视频效果，如图11-85所示。

图11-85　预览视频效果

11.3 制作画中画特效

画中画效果是在影视节目中常用的技巧之一，画中画效果利用数字技术在同一屏幕上显示两个画面。本节将详细介绍画中画的相关基础知识及制作方法。

 11.3.1 认识画中画

画中画效果是指在正常观看的主画面上，同时插入一个或多个经过压缩的子画面，以便在欣赏主画面的同时，观看其他影视效果。通过数字化处理，生成景物远近不同、具有强烈视觉冲击力的全景图像，给人一种身在画中的全新视觉享受。

画中画效果不仅可以同步显示多个不同的画面，还可以显示两个或多个内容相同的画面效果，让画面产生万花筒的特殊效果。

1. 画中画在天气预报中的应用

随着电脑的普及，画中画效果逐渐成为天气预报节目常用的播放技巧。

在天气预报节目中，大部分都是运用了画中画效果来进行播放的。工作人员通过后期的制作，将两个画面合成至一个背景中，得到最终天气预报的效果。

2. 画中画在新闻播报中的应用

画中画效果在新闻播报节目中的应用也十分广泛。在新闻播报过程中，常常会看到节目主持人的右上角出来一个新的画面，这些画面通常为了配合主持人报道新闻。

3. 画中画在影视广告宣传中的应用

影视广告是非常奏效且覆盖面较广的广告传播方法之一。

随着数码科技的发展，画中画效果被许多广告产业搬入银幕中，加入了画中画效果的宣传动画，常常可以表现出更加明显的宣传效果。

4. 画中画在显示器中的应用

如今网络电视的不断普及，以及大屏显示器的出现，画中画在显示器中的应用也受到了用户关注。在市场上，以华硕VE276Q和三星P2370HN为代表的带有画中画功能显示器的出现，受到了用户的一致认可，同时也将显示器的娱乐性进一步增强。

案例——画中画特效的导入

画中画是以高科技为载体，将普通的平面图像转化为层次分明、全景多变的精彩画面。在Premiere Pro 2020中，制作画中画运动效果之前，首先需要导入影片素材。

 按【Ctrl+O】组合键，打开项目文件"素材\第11章\林荫美景.prproj"，如图11-86所示。

图11-86 打开项目文件

STEP 02 在"时间轴"面板上，将导入的素材分别添加至V1和V2轨道上，拖动控制条调整视图，如图11-87所示。

STEP 03 将时间线移至00:00:06:00的位置，将V2轨道的素材向右拖曳至6秒处，如图11-88所示。

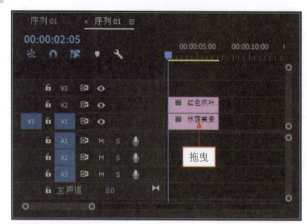
图11-87　添加素材图像

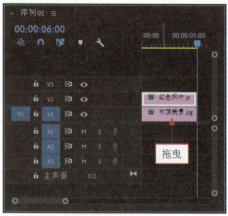
图11-88　拖曳时间线

11.3.3　案例——画中画特效的制作

添加完素材后，用户可以继续对画中画素材设置运动效果。下面介绍如何设置画中画的特效属性。

STEP 01 以11.3.2节的效果为例，将时间线移至素材的开始位置，选择V1轨道上的素材，在"效果控件"面板中单击"位置"和"缩放"左侧的"切换动画"按钮，添加第一组关键帧，如图11-89所示。

STEP 02 选择V2轨道上的素材，设置"缩放"为20.0，在"节目监视器"面板中，将选择的素材拖曳至面板左上角，单击"位置"和"缩放"左侧的"切换动画"按钮，添加第二组关键帧，如图11-90所示。

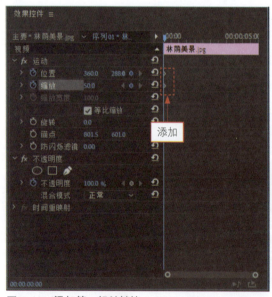
图11-89　添加第一组关键帧

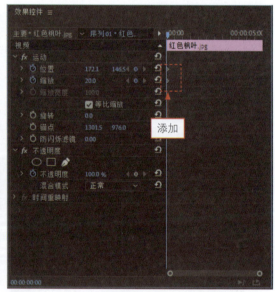
图11-90　添加第二组关键帧

STEP 03 将时间线移至00:00:00:18的位置，选择V2轨道上的素材，在"节目监视器"面板中沿水平方向向右拖曳素材，系统会自动添加一个关键帧，如图11-91所示。

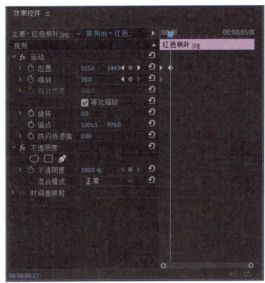

图11-91　系统自动添加关键帧（1）

STEP 04　将时间线移至00:00:01:00的位置，选择V2轨道上的素材，在"节目监视器"面板中垂直向下拖曳素材，系统会自动添加一个关键帧，如图11-92所示。

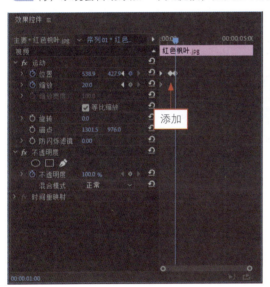

图11-92　系统自动添加关键帧（2）

STEP 05　将"林荫美景1"素材图像添加至V3轨道00:00:01:05的位置，选择V3轨道上的素材，将时间线移至00:00:01:05的位置，在"效果控件"面板中展开"运动"选项，设置"缩放"为20.0，在"节目监视器"面板中向右上角拖曳素材，系统会自动添加一组关键帧，如图11-93所示。

STEP 06　执行上述操作后，即可制作画中画效果，在"节目监视器"面板中单击"播放-停止切换"按钮，即可预览画中画效果，如图11-94所示。

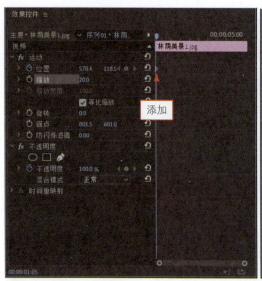 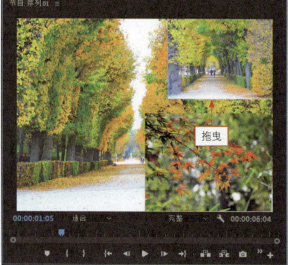

图11-93　添加一组关键帧

图11-94　预览画中画效果

第12章　设置与导出视频文件

在Premiere Pro 2020中,当用户完成一段影视内容的编辑,并且对编辑的效果感到满意时,用户可以将其导出为各种不同格式的文件。在导出视频文件时,用户需要对视频的格式、预设、输出名称和位置及其他选项进行设置,本章主要介绍如何设置影片输出的参数,并导出为各种不同格式的文件。

本章重点

- 视频参数的设置
- 设置影片导出参数
- 导出影视文件

【12.1　视频参数的设置】

在导出视频文件时,用户需要对视频的格式、预设、输出名称和位置及其他选项进行设置。本节将介绍"导出设置"对话框及导出视频所需要设置的参数。

12.1.1　预览视频区域

视频预览区域主要用来预览视频效果,下面将介绍设置视频预览区域的操作方法。

STEP 01 按【Ctrl + O】组合键,打开项目文件"素材\第12章\鲜花绽放.prproj",如图 12-1所示。

STEP 02 在Premiere Pro 2020的界面中,单击"文件"|"导出"|"媒体"命令,如图12-2所示。

图12-1　打开项目文件　　　图12-2　单击"媒体"命令

STEP 03 弹出"导出设置"对话框,拖曳窗口底部的"当前时间指示器",查看导出的影视效果,如图12-3所示。

图12-3 查看影视效果

12.1.2 设置参数区域

"参数设置区域"选项区中的各参数决定影片的最终效果，用户可以在这里设置视频参数。

STEP 01 以12.1.1节的素材为例，单击"格式"选项右侧的下拉按钮，在弹出的列表框中选择MPEG4作为当前导出的视频格式，如图12-4所示。

STEP 02 根据导出视频格式的不同，设置"预设"选项。单击"预设"选项右侧的下拉按钮，在弹出的列表框中选择3GPP 352×288 H.263选项，如图12-5所示。

图12-4 设置导出格式

图12-5 选择相应选项

STEP 03 单击"输出名称"右侧的超链接，如图12-6所示。

STEP 04 弹出"另存为"对话框，设置文件名和存储位置，如图12-7所示，单击"保存"按钮，即可完成视频参数的设置。

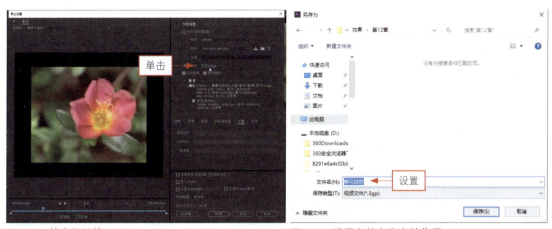

图12-6　单击超链接　　　　　　　　　　图12-7　设置文件名和存储位置

12.2 设置影片导出参数

当用户完成Premiere Pro 2020中的各项编辑操作后，即可将项目导出为各种格式的音频文件。本节将详细介绍影片导出参数的设置方法。

12.2.1 音频参数

通过Premiere Pro 2020可以将素材输出为音频，接下来将介绍导出MP3格式的音频文件需要进行哪些设置。

首先，需要在"导出设置"对话框中设置"格式"为MP3，并设置"预设"为"MP3 256 kbps高品质"，如图12-8所示。接下来，用户只需要设置导出音频的文件名和存储位置，单击"输出名称"右侧的相应超链接，弹出"另存为"对话框，设置文件名和保存路径，如图12-9所示。单击"保存"按钮，即可完成音频参数的设置。

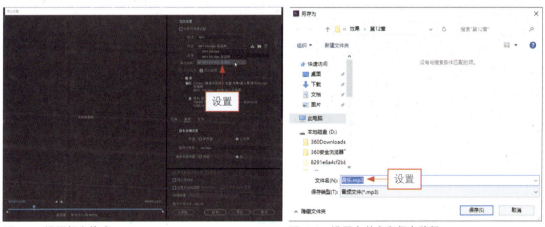

图12-8　设置相应格式　　　　　　　　　　图12-9　设置文件名和保存路径

12.2.2 效果参数

在Premiere Pro 2020中,"SDR遵从情况"是相对于HDR(高动态图像)而言的,其作用是可以将HDR图像文件转换为SDR图像文件的一种设置。

HDR图像文件所包含的色彩细节方面非常丰富,需要可以支持高动态图像格式的视频播放显示器来进行查看,用普通的显示器来播放查看HDR图像文件的画面会失真,SDR图像文件则属于正常标准范围内,使用普通的视频播放显示器即可查看图像文件。在Premiere Pro 2020中,将HDR图像文件转换为SDR图像文件,可以设置"亮度""对比度"及"软阈值"等参数。

在"导出设置"对话框中设置"SDR遵从情况"参数的方法非常简单,首先,❶ 用户需要设置导出视频的"格式"为AVI;接下来,切换至"效果"选项卡,❷ 选中"SDR遵从情况"复选框;❸ 设置"亮度"为20、"对比度"为10、"软阈值"为80,如图12-10所示;设置完成后,用户可以在"视频预览区域"中单击"导出"标签,加载完成后,❹ 用户即可在输出文件夹中播放并查看图像效果,如图12-11所示。

> **专家指点**
>
> 在Premiere Pro 2020中,用户还可以在"效果"面板的"视频"效果选项卡中选择"SDR 遵从情况"效果,将其添加至"时间轴"面板中所需要的图像素材上,在"效果控件"面板中,设置"亮度""对比度"及"软阈值"的参数,这样就不用在"导出设置"对话框中再设置参数了。

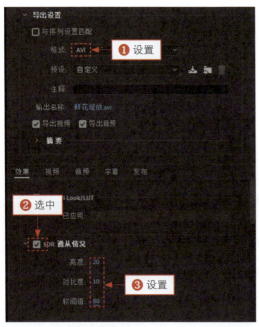

图12-10 设置相应参数

图12-11 查看图像效果

12.3 导出影视文件

随着视频文件格式的增加,Premiere Pro 2020会根据所选文件的不同,调整不同的视频输出选项,以便用户更快捷地调整视频文件的设置。本节主要介绍影视文件的导出方法。

第12章 设置与导出视频文件

12.3.1 案例——编码文件的导出

编码文件就是现在常见的AVI格式文件,这种格式的文件兼容性好、调用方便、图像质量好。

STEP 01 按【Ctrl+O】组合键,打开项目文件"素材\第12章\星空轨迹.prproj",如图12-12所示。

图12-12 打开项目文件

STEP 02 单击"文件"|"导出"|"媒体"命令,如图12-13所示。

STEP 03 执行上述操作后,弹出"导出设置"对话框,如图12-14所示。

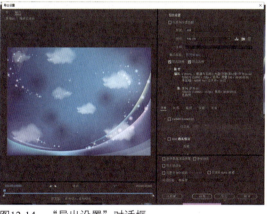

图12-13 单击"媒体"命令　　　　　　图12-14 "导出设置"对话框

STEP 04 在"导出设置"选项区中设置"格式"为AVI、"预设"为"NTSC DV 宽银幕",如图12-15所示。

STEP 05 单击"输出名称"右侧的超链接,弹出"另存为"对话框,在其中设置保存路径和文件名,如图12-16所示。

STEP 06 设置完成后,单击"保存"按钮,然后单击对话框右下角的"导出"按钮,如图12-17所示。

STEP 07 执行上述操作后,弹出"编码 序列 01"对话框,开始导出编码文件,并显示导出进度,如图12-18所示,导出完成后即可完成编码文件的导出。

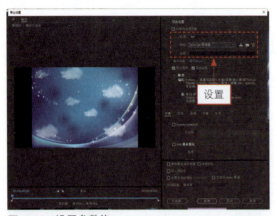

图12-15 设置参数值

图12-16 设置保存路径和文件名

图12-17 单击"导出"按钮

图12-18 显示导出进度

12.3.2 案例——EDL文件的导出

在Premiere Pro 2020中，用户不仅可以将视频导出为编码文件，还可以根据需要将其导出为EDL文件。

STEP 01 按【Ctrl+O】组合键，打开项目文件"素材\第12章\蝴蝶飞舞.prproj"，如图12-19所示。

STEP 02 单击"文件"|"导出"|EDL命令，如图12-20所示。

图12-19 打开项目文件

图12-20 单击EDL命令

第12章 设置与导出视频文件

> 专家指点

在 Premiere Pro 2020 中，EDL 是一种广泛应用于视频编辑领域的编辑交换文件，其作用是记录用户对素材的各种编辑操作。这样，用户便可以在所有支持 EDL 文件的编辑软件内共享编辑项目，或通过替换素材来实现影视节目的快速编辑与输出。

STEP 03 弹出"EDL导出设置"对话框，单击"确定"按钮，如图12-21所示。

STEP 04 弹出"将序列另存为 EDL"对话框，设置文件名和保存路径，如图12-22所示。

图12-22 设置文件名和保存路径

STEP 05 单击"保存"按钮，即可导出EDL文件。

> 专家指点

EDL 文件在存储时只保留两轨道的初步信息，因此在用到两轨道以上的视频时，两轨道以上的视频信息便会丢失。

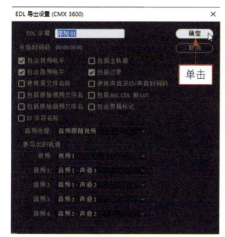

图12-21 单击"确定"按钮

12.3.3 案例——OMF文件的导出

在Premiere Pro 2020中，OMF是由Avid推出的一种音频封装格式经常被一些专业的音频所采用。

STEP 01 按【Ctrl+O】组合键，打开项目文件"素材\第12章\音乐1.prproj"，如图12-23所示。

STEP 02 单击"文件"|"导出"|OMF命令，如图12-24所示。

图12-23 打开项目文件

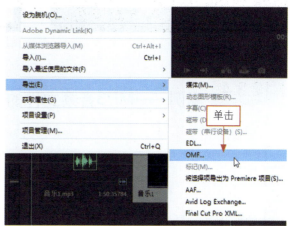

图12-24 单击OMF命令

265

STEP 03 弹出"OMF导出设置"对话框,单击"确定"按钮,如图12-25所示。

STEP 04 弹出"将序列另存为 OMF"对话框,设置文件名和保存路径,如图12-26所示。

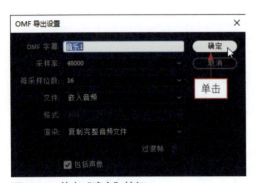

图12-25　单击"确定"按钮　　　　　　图12-26　设置文件名和保存路径

STEP 05 单击"保存"按钮,弹出"将媒体文件导出到 OMF 文件夹"对话框,显示导出进度,如图12-27所示。

STEP 06 导出完成后,弹出"OMF 导出信息"对话框,显示有关OMF导出信息,如图12-28所示,单击"确定"按钮即可。

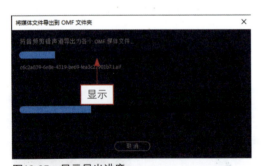

图12-27　显示导出进度　　　　　　　图12-28　显示OMF导出信息

12.3.4　案例——MP3音频文件的导出

MP3格式的音频文件凭借高采样率的音质及占用空间少的特性,成为目前十分流行的一种音乐文件。

STEP 01 按【Ctrl+O】组合键,打开项目文件"素材\第12章\音乐2.prproj",如图12-29所示,单击"文件"|"导出"|"媒体"命令,弹出"导出设置"对话框。

STEP 02 单击"格式"选项右侧的下拉按钮,在弹出的列表框中选择MP3选项,如图12-30所示。

第12章 设置与导出视频文件

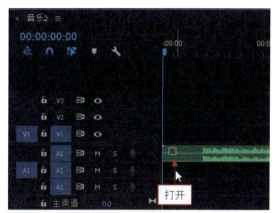

图12-29 打开项目文件

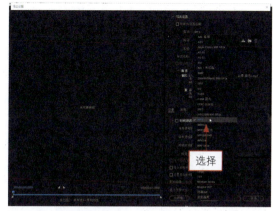

图12-30 选择MP3选项

STEP 03 单击"输出名称"右侧的超链接，弹出"另存为"对话框，设置保存路径和文件名，单击"保存"按钮，如图12-31所示。

STEP 04 返回相应对话框，单击"导出"按钮，弹出"编码 音乐2"对话框并显示导出进度，如图12-32所示。

STEP 05 导出完成后，即可完成MP3音频文件的导出。

图12-31 设置保存路径和文件名

图12-32 显示导出进度

12.3.5 案例——WAV音频文件的导出

在Premiere Pro 2020中，用户不仅可以将音频文件转换成MP3格式，还可以将其转换为WAV格式的音频文件。

STEP 01 按【Ctrl+O】组合键，打开项目文件"素材\第12章\音乐3.prproj"，如图12-33所示，单击"文件"|"导出"|"媒体"命令，弹出"导出设置"对话框。

STEP 02 单击"格式"选项右侧的下拉按钮，在弹出的列表框中选择"波形音频"选项，如图12-34所示。

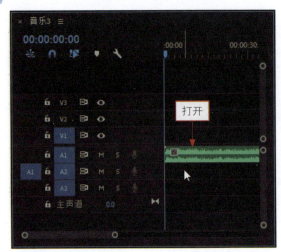

图12-33　打开项目文件

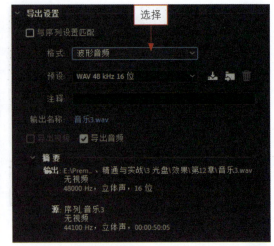

图12-34　选择合适的选项

STEP 03　单击"输出名称"右侧的超链接,弹出"另存为"对话框,设置保存路径和文件名,单击"保存"按钮,如图12-35所示。

STEP 04　返回相应对话框,单击"导出"按钮,弹出"编码 音乐3"对话框并显示导出进度,如图12-36所示。

STEP 05　导出完成后,即可完成WAV音频文件的导出。

图12-35　设置保存路径和文件名

图12-36　显示导出进度

12.3.6　案例——视频文件格式的转换

随着视频文件格式的多样化,许多文件格式无法在指定的播放器中打开,此时用户可以根据需要对视频文件格式进行转换。

STEP 01　按【Ctrl+O】组合键,打开项目文件"素材\第12章\陶瓷餐具.prproj",如图12-37所示,单击"文件"|"导出"|"媒体"命令,弹出"导出设置"对话框。

STEP 02　单击"格式"选项右侧的下拉按钮,在弹出的列表框中选择Windows Media选项,如图12-38所示。

第12章 设置与导出视频文件

图12-37 打开项目文件

图12-38 选择合适的选项

STEP 03 取消选中"导出音频"复选框,并且单击"输出名称"右侧的超链接,如图12-39所示。

STEP 04 弹出"另存为"对话框,设置保存路径和文件名,单击"保存"按钮,如图12-40所示。

STEP 05 设置完成后,单击"导出"按钮,弹出"编码 陶瓷餐具"对话框并显示导出进度,导出完成后,即可完成视频文件格式的转换。

图12-39 单击"输出名称"超链接

图12-40 设置保存路径和文件名

12.3.7 案例——DPX静止媒体文件的导出

随着网络的普及,用户可以将制作的视频导出为DPX静止媒体文件,然后再将其上传到网络中。

STEP 01 按【Ctrl + O】组合键,打开项目文件"素材\第12章\天空.prproj",如图12-41所示,单击"文件"|"导出"|"媒体"命令,弹出"导出设置"对话框。

STEP 02 单击"格式"右侧的下拉按钮,在弹出的列表框中选择DPX选项,如图12-42所示。

STEP 03 单击"输出名称"右侧的超链接,弹出"另存为"对话框,设置保存路径和文件名,如图12-43所示。

STEP 04 单击"保存"按钮,设置完成后单击"导出"按钮,弹出"编码 序列 01"对话框并显示导出进度,如图12-44所示。

图12-41 打开项目文件

图12-42 选择DPX选项

图12-43 设置文件名和保存路径

图12-44 显示导出进度

导出完成后，即可完成DPX静止媒体文件的导出。

第13章　商业广告的设计实战

随着广告行业的不断发展，商业广告的宣传手段也逐渐从单纯的平面宣传模式走向了多元化的多媒体宣传方式。视频广告的出现，比静态图像更具商业化，本章将重点介绍3个综合案例，以帮助用户在使用Premiere Pro 2020时更加得心应手。

本章重点

- 戒指广告的制作
- 婚纱相册的制作
- 儿童相册的制作

13.1 戒指广告的制作

戒指是爱情的象征，它不仅是装饰自身的物件，还是品味、地位的体现。本实例主要介绍制作戒指广告的具体操作方法，效果如图13-1所示。

图13-1　戒指广告效果

13.1.1 导入广告素材文件

用户在制作宣传广告前，首选需要一个合适的背景图片，这里选择了一张戒指的场景图作为背景，可以为整个视频广告增加浪漫的氛围，在选择背景图像后，用户可以导入分层图像，以增添戒指广告的特色，下面介绍导入广告素材的操作方法。

STEP 01 ❶ 新建一个名为"戒指广告"的项目文件；❷ 单击"确定"按钮，如图13-2所示。

STEP 02 单击"文件"|"新建"|"序列"选项，新建一个序列，单击"文件"|"导入"命令，弹出"导入"对话框，在其中选择合适的素材图像"素材/第13章/戒指广告"，如图13-3所示。

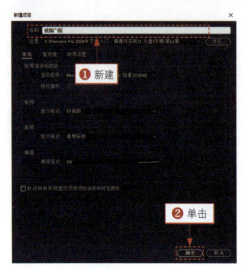

图13-2　新建项目文件　　　　　　　　　　图13-3　选择合适的素材图像

STEP 03 单击"打开"按钮，弹出"导入分层文件：图片2"对话框，单击"确定"按钮，即可将选择的图像文件导入"项目"面板中，如图13-4所示。

STEP 04 将导入的图像文件依次拖曳至"时间轴"面板中的V1、V2和V3轨道上，如图13-5所示。

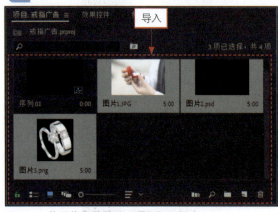 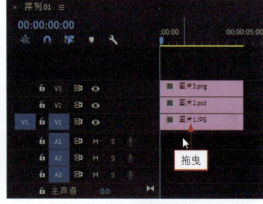

图13-4　将图像文件导入"项目"面板中　　　图13-5　拖曳图像文件至"时间轴"面板中的轨道上

STEP 05 选择V1轨道中的素材文件，展开"效果控件"面板，设置"缩放"为16.0，如图13-6所示。

STEP 06 在"节目监视器"面板中单击"播放-停止切换"按钮，即可预览图像效果，如图13-7所示。

专家指点

在戒指宣传广告中不能缺少戒指，否则不能体现出戒指广告的主题。因此，用户在选择素材文件时，需要结合主题意境，以达到好的视频效果。

第13章　商业广告的设计实战

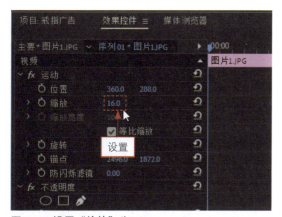

图13-6　设置"缩放"为16.0　　　　　　图13-7　预览图像效果

13.1.2 制作戒指广告背景

静态背景会显得过于呆板，闪光背景可以为静态的背景图像增添动感效果，让背景更具有吸引力，用户还可以为"戒指"素材添加一种若隐若现的效果，以体现出朦胧感。本节将详细介绍制作动态的戒指广告背景的操作方法及制作闪光背景的操作方法。

STEP 01 选择V2轨道中的素材文件，在"效果控件"面板中，❶ 单击"缩放"和"旋转"左侧的"切换动画"按钮；❷ 添加第一组关键帧，如图13-8所示。

STEP 02 ❶ 将时间调整至00:00:04:00处；❷ 设置"缩放"为120.0、"旋转"为50.0°；❸ 添加第二组关键帧，如图13-9所示。

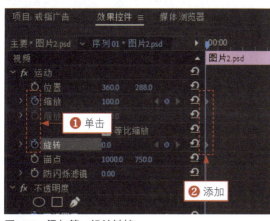

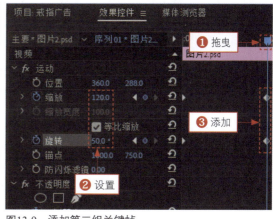

图13-8　添加第一组关键帧　　　　　　图13-9　添加第二组关键帧

STEP 03 选择"时间轴"面板中V3轨道上的素材文件，如图13-10所示。

STEP 04 展开"效果控件"面板，在其中设置"位置"为（550.0，1600.0）、"缩放"为80.0，如图13-11所示。

STEP 05 设置完成后，❶ 单击"不透明度"左侧的"切换动画"按钮；❷ 设置参数为0.0%；❸ 添加一个关键帧，如图13-12所示。

STEP 06 ❶ 将时间线调整至00:00:01:15处；❷ 设置"不透明度"为100.0%；❸ 添加关键帧，如图13-13所示，即可制作若隐若现的效果。

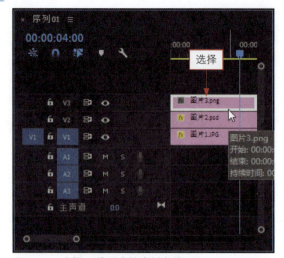

图13-10 选择V3轨道中的素材文件

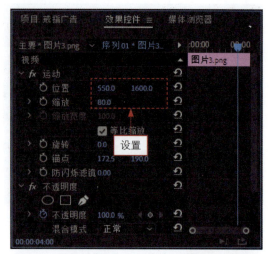

图13-11 设置"位置"和"缩放"参数

图13-12 设置参数

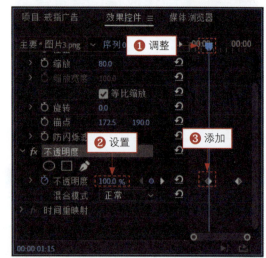

图13-13 添加关键帧

STEP 07 在"节目监视器"面板中单击"播放-停止切换"按钮,即可预览图像效果,如图13-14所示。

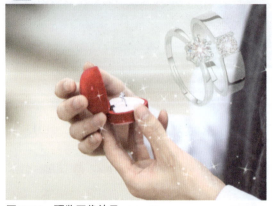

图13-14 预览图像效果

13.1.3 制作广告字幕特效

用户完成了对戒指广告背景的所有编辑操作后,最后将为广告画面添加产品的店名和宣传语等信息,这样才能体现出广告的价值。添加字幕效果后,用户可以根据个人的爱好为字幕添加动态效果。本节将详细介绍制作广告字幕特效的操作方法。

STEP 01 ❶ 将时间线调整至00:00:00:10处,选择"文字工具"按钮,在"节目监视器"面板中单击即可新建一个字幕文本框,在其中输入产品的店名"宝莱帝珠宝";❷ 在"时间轴"面板中调整字幕文件的持续时间,如图13-15所示。

STEP 02 在"效果控件"面板中,❶ 设置字幕文件的"字体"为STXinwei;在"外观"选项区中,❷ 选中"填充"复选框;❸ 设置颜色为白色;❹ 然后选中"描边"复选框;❺ 单击颜色色块,在弹出的"拾色器"对话框中设置RGB为(100,68,196),单击"确定"按钮;❻ 设置"描边宽度"为8.0,如图13-16所示。

图13-15　调整字幕文件的持续时间

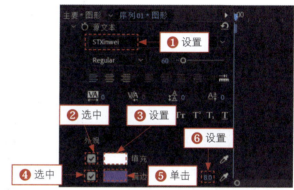

图13-16　设置字幕文件的相应参数

STEP 03 在"变换"选项区中,❶ 单击"位置""缩放"和"不透明度"左侧的"切换动画"按钮;❷ 并设置"位置"为(280.0,300.0)、"缩放"为10及"不透明度"为0.0%;❸ 添加第一组关键帧,如图13-17所示。

STEP 04 ❶ 将时间线调整至00:00:04:00位置;❷ 设置"位置"为(113.7,512.8)、"缩放"为100及"不透明度"为100.0%;❸ 添加第二组关键帧,如图13-18所示。

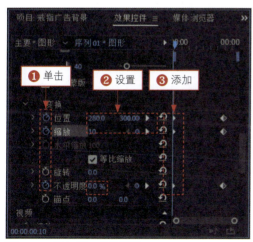

图13-17　添加第一组关键帧

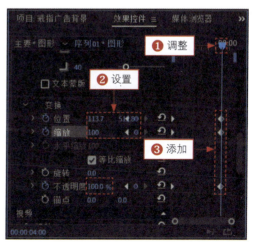

图13-18　添加第二组关键帧

STEP 05 在"节目监视器"面板中单击"播放-停止切换"按钮,即可预览图像效果,如图13-19所示。

图13-19 预览图像效果

STEP 06 用同样的方法,将时间线调整至00:00:00:10处,在"节目监视器"面板中单击再次添加一个与产品信息相关的字幕文件,并在"时间轴"面板中调整字幕文件的持续时间,如图13-20所示。

STEP 07 在"效果控件"面板中,❶ 设置字幕文件的"字体"为STXinwei;❷ 设置"字体大小"为70,如图13-21所示。

图13-20 调整字幕文件的持续时间　　　　图13-21 设置字幕文件的相应参数

STEP 08 在"外观"选项区中,❶ 选中"填充"复选框;❷ 设置颜色为白色;❸ 然后选中"描边"复选框;❹ 单击颜色色块,在弹出的"拾色器"对话框中设置RGB为(243,7,62),单击"确定"按钮;❺ 设置"描边宽度"为5.0,如图13-22所示。

STEP 09 在"变换"选项区中,❶ 单击"位置""缩放""旋转"和"不透明度"左侧的"切换动画"按钮;❷ 并设置"位置"为(280.0,300.0)、"缩放"为10、"旋转"为0.0°及"不透明度"为0.0%;❸ 添加第一组关键帧,如图13-23所示。

STEP 10 ❶ 调整时间线至00:00:02:20处;❷ 设置"位置"为(80.0,150.0)、"缩放"为50、"旋转"为-1×0.0°及"不透明度"为100.0%;❸ 添加第二组关键帧,如图13-24所示。

STEP 11 ❶ 将时间线调整至00:00:04:00位置;❷ 设置"位置"为(56.0,86.0)、"缩放"为100及"不透明度"为100.0%;❸ 添加第三组关键帧,如图13-25所示。

第13章 商业广告的设计实战

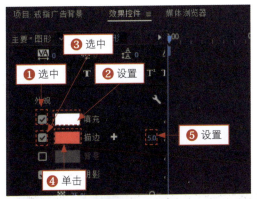

图13-22 设置字幕外观

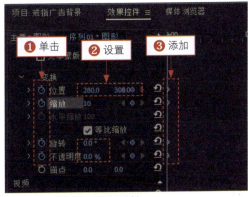

图13-23 添加第一组关键帧

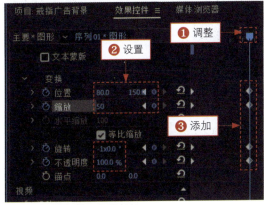

图13-24 添加第二组关键帧

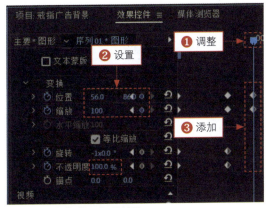

图13-25 添加第三组关键帧

STEP 12 将时间线拖曳至开始位置,在"节目监视器"面板中单击"播放-停止切换"按钮,即可预览制作的视频图像效果,如图13-26所示。

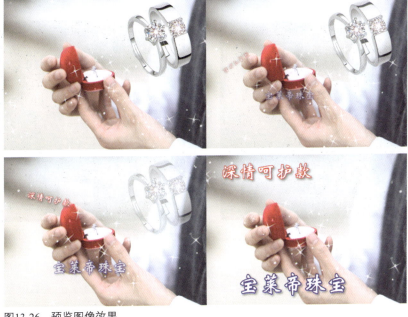

图13-26 预览图像效果

13.1.4 戒指广告的后期处理

在Premiere Pro 2020中制作完成戒指广告的整体效果后，为了增加影片的震撼效果，可以为广告添加音频效果。本节将详细介绍后期处理戒指广告的操作方法。

STEP 01 单击"文件"|"导入"命令，弹出"导入"对话框，❶ 选择合适的音乐文件；❷ 单击"打开"按钮，如图13-27所示，将选择的音乐文件导入"项目"面板中。

STEP 02 选择导入的"音乐"素材，将其添加至A1轨道上，并调整音乐的长度为00:00:05:00，如图13-28所示。

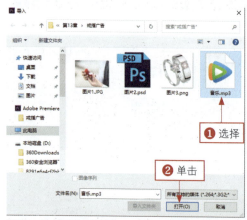

图13-27　将音乐文件导入"项目"面板中

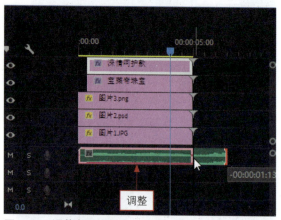

图13-28　调整音乐的长度

STEP 03 在"效果"面板中，❶ 展开"音频过渡"|"交叉淡化"选项；❷ 选择"恒定功率"选项，如图13-29所示。

STEP 04 单击并将其拖曳至A1轨道上的音乐素材的开始处和结尾处，添加音频特效，如图13-30所示，即可完成制作。

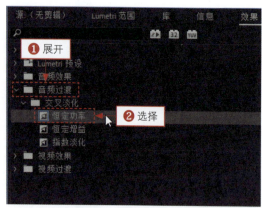

图13-29　选择"恒定功率"选项

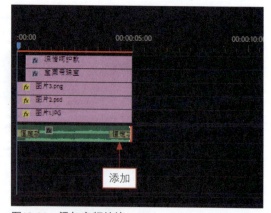

图13-30　添加音频特效

13.2 婚纱相册的制作

在制作婚纱纪念相册之前，首先带领读者预览婚纱纪念相册视频的画面效果，如图13-31所示，本节将详细介绍制作婚纱相册的片头效果、动态效果、片尾效果及编辑与输出视频后期等方法，帮助用户更好地学习纪念相册的制作方法。

图13-31　婚纱相册效果

13.2.1　制作婚纱相册片头效果

随着数码科技的不断发展和数码相机的进一步普及，人们逐渐开始为婚纱相册制作绚丽的片头，让原本单调的婚纱效果变得更加丰富。下面介绍制作婚纱片头效果的操作方法。

STEP 01 按【Ctrl+O】组合键，打开项目文件"素材/第13章/婚纱相册"，在"项目"面板中将"视频1.mpg"素材文件拖曳至V1轨道中，如图13-32所示，并设置其持续时间为00:00:10:00。

STEP 02 选择"文字工具"按钮，在"节目监视器"窗口画面中单击即可新建一个字幕文本框，在其中输入项目主题"《天作之合》"，如图13-33所示。

STEP 03 在"效果控件"面板中，❶设置字幕文件的"字体"为STXinwei；❷设置"字体大小"为85，如图13-34所示。

STEP 04 在"外观"选项区中，选中"填充"复选框，❶单击"填充"颜色色块，在弹出的"拾色器"对话框中设置RGB为（246，237，6），单击"确定"按钮；❷然后选中"描边"复选框；❸单击颜色色块,在弹出的"拾色器"对话框中设置RGB为(238,20,20),单击"确定"按钮;❹设置"描边宽度"为2.0;❺选中"阴影"复选框;在"阴影"下方的选项区中,❻设置"距离"为7.0,如图13-35所示。

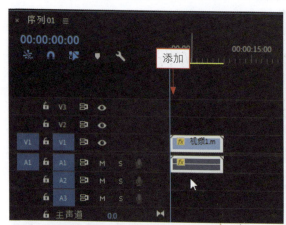

图13-32 添加素材文件

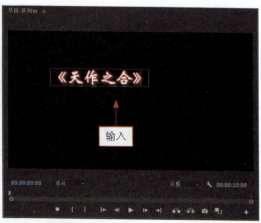

图13-33 输入项目主题

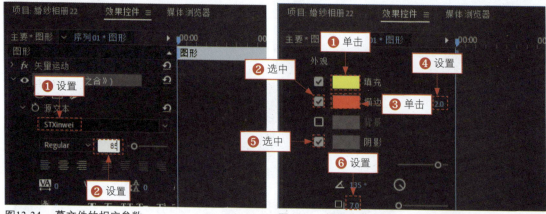

图13-34 幕文件的相应参数　　　　　　　　　图13-35 设置字幕文件的"外观"参数

STEP 05 在"变换"选项区中设置"位置"为(146.7,311.1),如图13-36所示。

STEP 06 在"效果"面板中,❶展开"视频效果"|"变换"选项;❷选择"裁剪"选项,如图13-37所示,双击即可为字幕文件添加"裁剪"特效。

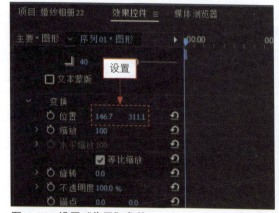

图13-36 设置"位置"参数

图13-37 选择"剪裁"选项

STEP 07 在"效果控件"面板的"裁剪"选项区中，❶ 单击"右侧"和"底部"左侧的"切换动画"按钮；❷ 设置"右侧"参数为100.0%、"底部"参数为100.0%；❸ 添加第一组关键帧，如图13-38所示。

STEP 08 ❶ 将时间线调整至00:00:04:00位置；❷ 设置"右侧"参数为20.0%、"底部"参数为10.0%；❸ 添加第二组关键帧，如图13-39所示。

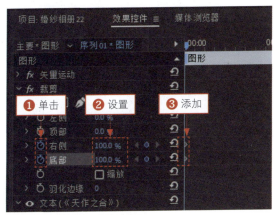 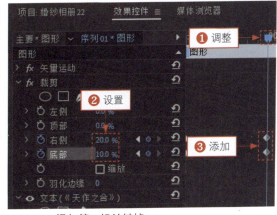

图13-38　添加第一组关键帧　　　　图13-39　添加第二组关键帧

STEP 09 在"节目监视器"面板中单击"播放-停止切换"按钮，即可预览婚纱相册片头效果，如图13-40所示。

 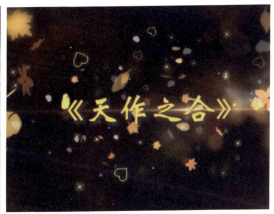

图13-40　预览婚纱相册片头效果

13.2.2　制作婚纱相册动态效果

婚纱相册是以照片预览为主的视频动画，因此用户需要准备大量的婚纱照片素材，并为照片添加相应的动态效果，下面介绍制作婚纱相册动态效果的操作方法。

STEP 01 在"项目"面板中，选择并拖曳"视频2.mpg"素材文件至V1轨道中的合适位置，添加背景素材，如图13-41所示，并设置持续时间为00:00:44:13。

STEP 02 在"项目"面板中，选择并拖曳1.jpg素材文件至V2轨道中的合适位置，设置持续时间为00:00:04:00，如图13-42所示，选择添加的素材文件。

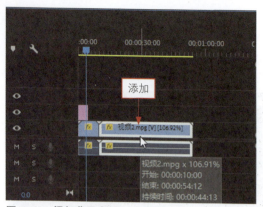

图13-41　添加背景素材

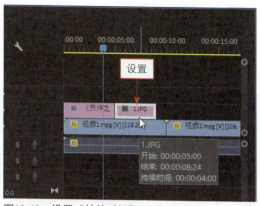

图13-42　设置"持续时间"

STEP 03 ❶ 调整时间线至00:00:05:00位置；在"效果控件"面板中，❶ 单击"位置"和"缩放"左侧的"切换动画"按钮；❸ 设置"位置"为（360.0，288.0）、"缩放"为15.0；❹ 添加第一组关键帧，如图13-43所示。

STEP 04 ❶ 调整时间线至00:00:07:13位置；❷ 设置"位置"为（360.0，320.0）、"缩放"为16.0；❸ 添加第二组关键帧，如图13-44所示。

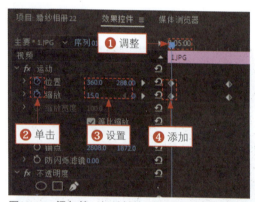

图13-43　添加第一组关键帧

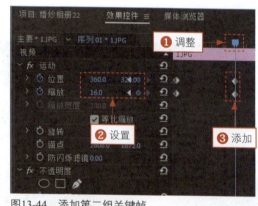

图13-44　添加第二组关键帧

STEP 05 ❶ 在"效果"面板中展开"视频过渡"|"溶解"选项；❷ 选择"交叉溶解"特效，如图13-45所示。

STEP 06 拖曳"交叉溶解"特效至V2轨道中的1.jpg素材上，并设置持续时间与图像素材一致，如图13-46所示。

图13-45　选择"交叉溶解"特效

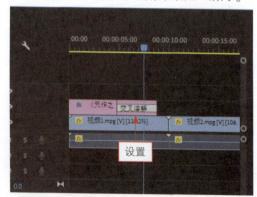

图13-46　设置持续时间与图像素材一致

第13章 商业广告的设计实战

STEP 07 选择"文字工具"按钮,在"节目监视器"面板中单击即可新建一个字幕文本框,在其中输入标题字幕"郎情妾意",在"时间轴"面板中选择添加的字幕文件,调整至合适位置并设置持续时间与1.jpg一致,如图13-47所示。

STEP 08 在"效果控件"面板中,❶ 设置字幕文件的"字体"为STXinwei;❷ "字体大小"为71,如图13-48所示。

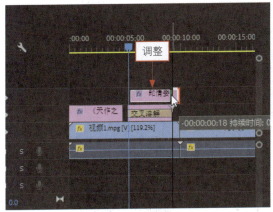
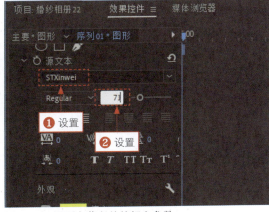

图13-47 调整字幕文件位置与持续时间　　　图13-48 设置字幕文件的相应参数

STEP 09 在"外观"选项区中,选中"填充"复选框,❶ 设置"填充"颜色为白色;❷ 然后选中"描边"复选框;❸ 单击颜色色块,在弹出的"拾色器"对话框中设置RGB为(238,20,20),单击"确定"按钮;❹ 设置"描边宽度"为5.0;❺ 选中"阴影"复选框;在"阴影"下方的选项区中,❻ 设置"距离"为7.0,如图13-49所示。

STEP 10 在"变换"选项区中,❶ 单击"位置"和"不透明度"左侧的"切换动画"按钮;❷ 设置"位置"参数为(-220.0,50.0)、"不透明度"参数为70.0%;❸ 添加第一组关键帧,如图13-50所示。

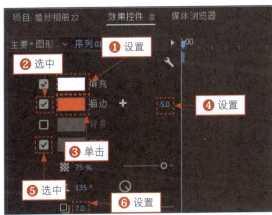
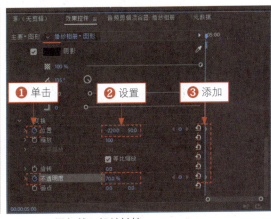

图13-49 设置字幕文件的"外观"参数　　　图13-50 添加第一组关键帧

STEP 11 ❶ 将时间线调整至00:00:07:13位置;❷ 设置"位置"参数为(250.0,170.0)、"不透明度"参数为100.0%;❸ 添加第二组关键帧,如图13-51所示。

STEP 12 用同样的方法,在"项目"面板中依次选择2.jpg~10.jpg图像素材,并将其拖曳至V2轨道中的合适位置,设置运动效果并添加"交叉溶解"特效及字幕文件,"时间轴"面板效果如图13-52所示。

STEP 13 在"节目监视器"面板中单击"播放-停止切换"按钮,即可预览婚纱相册动态效果,如图13-53所示。

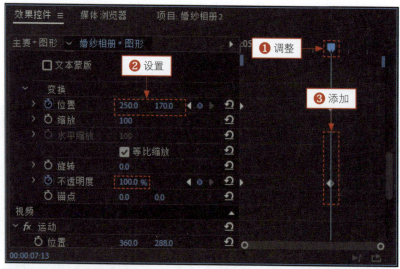

图13-51 添加第二组关键帧

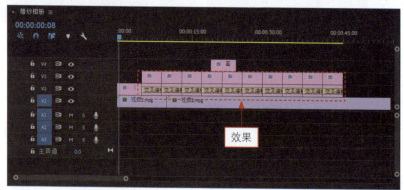

图13-52 "时间轴"面板效果

图13-53 预览婚纱相册动态效果

第13章 商业广告的设计实战

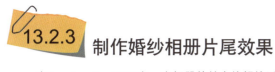

13.2.3 制作婚纱相册片尾效果

在Premiere Pro 2020中，当相册的基本编辑接近尾声时，用户便可以开始制作相册视频的片尾了，下面主要介绍为婚纱相册视频的片尾添加字幕效果，再次点明视频的主题。

STEP 01 选择"文字工具"按钮，在"节目监视器"面板中单击即可新建一个字幕文本框，在其中输入片尾字幕，在"时间轴"面板中选择要添加的字幕文件，将其调整至合适位置并设置持续时间为00:00:09:13，如图13-54所示。

STEP 02 在"效果控件"面板中，❶ 设置字幕文件的"字体"为STXinwei；❷ 设置"字体大小"为60，如图 13-55所示。

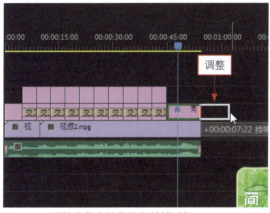

图13-54 调整字幕文件位置与持续时间　　图13-55 设置字幕文件的相应参数

STEP 03 在"外观"选项区中选中"填充"复选框，❶ 设置"填充"颜色为白色；❷ 然后选中"描边"复选框；❸ 单击颜色色块，在弹出的"拾色器"对话框中设置RGB为（238，20，20），单击"确定"按钮；❹ 设置"描边宽度"为5.0；❺ 选中"阴影"复选框；在"阴影"下方的选项区中，❻ 设置"距离"为7.0，如图13-56所示。

STEP 04 将时间线调整至00:00:45:00位置，在"变换"选项区中，❶ 单击"位置"左侧的"切换动画"按钮；❷ 设置"位置"参数为（230.0，646.7）；❸ 添加第一组关键帧，如图13-57所示。

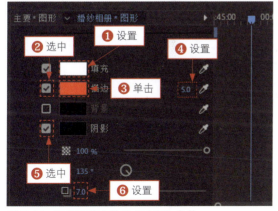
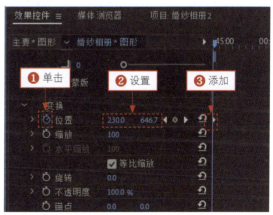

图13-56 设置字幕文件的"外观"参数　　图13-57 添加第一组关键帧

STEP 05 将时间线调整至00:00:50:24位置；❶ 设置"位置"参数为（230.0，160.0）；❷ 添加第二组关键帧；然后在00:00:51:00位置设置相同的参数，❸ 添加第三组关键帧，如图13-58所示。

STEP 06 ❶ 将时间线调整至00:00:54:11位置；❷ 设置"位置"参数为（230.0，-350.0）；❸ 添加第四组关键帧，如图13-59所示。

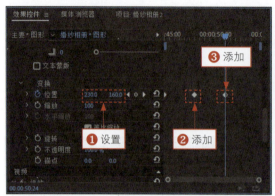 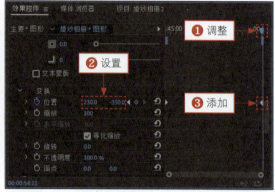

图13-58 添加第二组、第三组关键帧　　　　图13-59 添加第四组关键帧

 专家指点

在 Premiere Pro 2020 中，当两组关键帧的参数值一致时，可直接复制前一组关键帧，在相应位置粘贴即可添加下一组关键帧。

STEP 07 在"节目监视器"面板中单击"播放-停止切换"按钮，即可预览婚纱相册片尾效果，如图13-60所示。

图13-60 预览婚纱相册片尾效果

 13.2.4 编辑与输出视频后期

相册的背景画面与主体字幕动画制作完成后，接下来向读者介绍视频后期的背景音乐编辑与视频的输出操作。

STEP 01 将时间线调整至开始位置，在"项目"面板中选择音乐素材，单击并将其拖曳至A1轨道中，调整音乐持续时间，如图13-61所示。

STEP 02 在"效果"面板中展开"音频过渡"|"交叉淡化"选项，选择"恒定功率"特效，单击并将其拖曳至音乐素材的起始点与结束点，添加音频过渡特效，如图13-62所示。

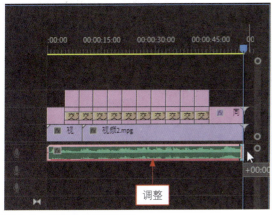
图13-61 调整音乐持续时间

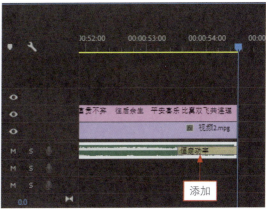
图13-62 添加音频过渡特效

STEP 03 按【Ctrl+M】组合键，弹出"导出设置"对话框，单击"输出名称"右侧的"婚纱相册.avi"超链接，如图13-63所示。

STEP 04 弹出"另存为"对话框，在其中设置视频文件的保存位置和相应文件名，单击"保存"按钮，返回"导出设置"界面，单击对话框右下角的"导出"按钮，弹出"渲染所需音频文件"对话框，开始导出编码文件，并显示导出进度，如图13-64所示，稍后即可导出婚纱相册纪念视频。

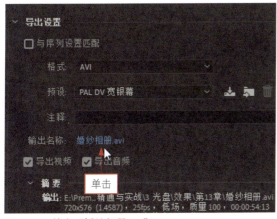
图13-63 单击"婚纱相册.avi"

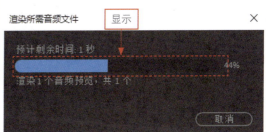
图13-64 导出婚纱相册纪念视频

13.3 儿童相册的制作

  儿童相册的制作过程主要包括在Premiere Pro 2020中新建项目并创建序列，导入需要的素材，然后将素材分别添加至相应的视频轨道中，使用相应的素材制作相册片头效果，制作美观的字幕并创建关键帧；添加相片素材至相应的视频轨道中，然后添加合适的视频过渡并制作相片运动效果，以制作出精美的动感相册效果，最后制作相册片尾，添加背景音乐后输出视频，即可完成儿童相册的制作。在制作儿童相册之前，首先带领读者预览儿童相册视频的画面效果，如图13-65所示。

图13-65 儿童相册效果

13.3.1 制作儿童相册片头效果

制作儿童相册的第一步,就是制作出能够突出相册主题、形象绚丽的相册片头效果。下面介绍制作相册片头效果的操作方法。

STEP 01 按【Ctrl+O】组合键,打开项目文件"素材/第13章/儿童相册",在"项目"面板中将"片头.wmv"素材文件拖曳至V1轨道中,如图13-66所示,并设置其持续时间为00:00:05:00。

STEP 02 选择"文字工具"按钮,在"节目监视器"窗口画面中单击即可新建一个字幕文本框,在其中输入项目主题"快乐童年",如图13-67所示。

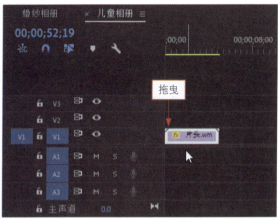
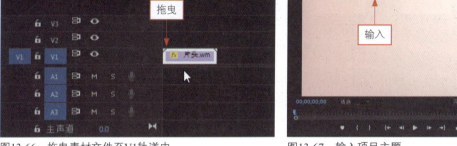

图13-66　拖曳素材文件至V1轨道中　　　图13-67　输入项目主题

STEP 03 在"效果控件"面板中，❶设置字幕文件的"字体"为FZShuTi；❷设置"字体大小"为100，如图 13-68所示。

STEP 04 在"外观"选项区中，选中"填充"复选框，❶单击"填充"颜色色块，在弹出的"拾色器"对话框中设置RGB为（220，220，30），单击"确定"按钮；❷然后选中"描边"复选框；❸单击颜色色块，在弹出的"拾色器"对话框中设置RGB为（240，20，20），单击"确定"按钮；❹设置"描边宽度"为5.0；❺选中"阴影"复选框；在"阴影"下方的选项区中，❻设置"距离"为6.5，如图13-69所示。

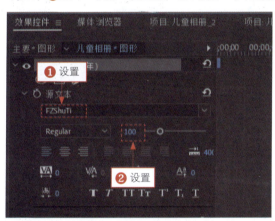
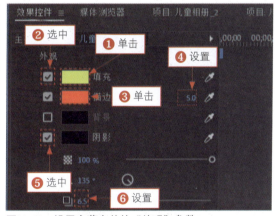

图13-68　设置字幕文件的相应参数　　　图13-69　设置字幕文件的"外观"参数

STEP 05 在"变换"选项区中，❶单击"位置"左侧的"切换动画"按钮；❷设置"位置"参数为（155.0，580.0）；❸添加第一组关键帧，如图13-70所示。

STEP 06 ❶将时间线调整至00:00:02:00位置；❷设置"位置"参数为（5.0，270.0）；❸添加第二组关键帧，如图13-71所示。

STEP 07 ❶将时间线调整至00:00:03:00位置；❷设置"位置"参数为（30.0，80.0）；❸添加第三组关键帧，如图13-72所示。

STEP 08 ❶将时间线调整至00:00:04:00位置；❷设置"位置"参数为（50.0，140.0）；❸添加第四组关键帧，如图13-73所示。

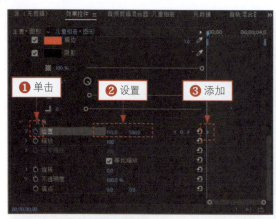

图13-70　添加第一组关键帧

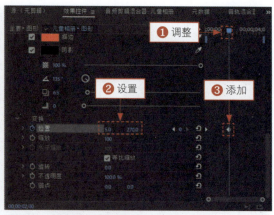

图13-71　添加第二组关键帧

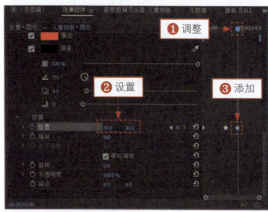

图13-72　添加第三组关键帧

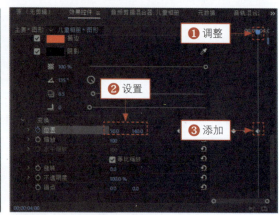

图13-73　添加第四组关键帧

STEP 09 在"效果"面板中，❶ 展开"视频过渡"|"溶解"选项；❷ 选择"黑场过渡"特效，如图 13-74 所示。

STEP 10 单击并拖曳该特效，将其分别添加至V1轨道中的素材文件的结束位置和V2轨道中的字幕文件的结束位置，即可添加"黑场过渡"特效，如图13-75所示。

图13-74　选择"黑场过渡"特效

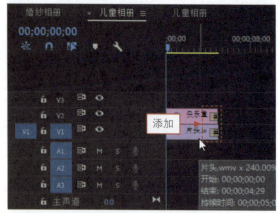

图13-75　添加"黑场过渡"特效

STEP 11 在"节目监视器"面板中单击"播放-停止切换"按钮，即可预览儿童相册片头效果，如图13-76所示。

图13-76 预览儿童相册片头效果

 13.3.2 制作儿童相册主体效果

在制作相册片头后，接下来就可以制作儿童相册的主体效果。本实例首先在儿童照片之间添加视频过渡，然后为照片添加旋转、缩放等运动特效。下面介绍制作儿童相册主体效果的操作方法。

STEP 01 在"项目"面板中选择8张儿童照片素材文件，将其添加到V1轨道上的"片头.wmv"素材文件后面，如图13-77所示。

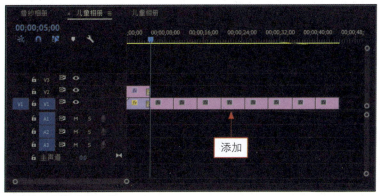

图13-77 添加素材文件

STEP 02 将"儿童相框.png"素材文件添加到V2轨道上的字幕文件后面，调整素材文件的持续时间与V1轨道上的素材持续时间一致，如图13-78所示。

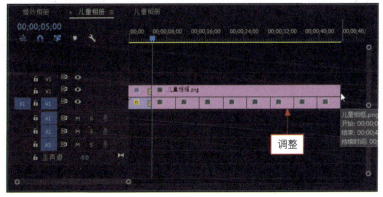

图13-78 调整素材的持续时间

STEP 03 选择"儿童相框.png"素材文件,在"效果控件"面板中展开"运动"选项,设置"缩放"为115.0,如图13-79所示。

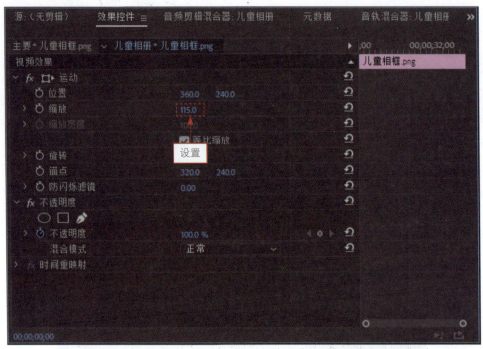

图13-79 设置"缩放"为115.0

STEP 04 在"效果"面板中依次展开"视频过渡"|"3D运动"|"擦除"|"内滑"选项,分别将"翻转""百叶窗""中心拆分""双侧平推门""油漆飞溅""水波块"与"风车"视频过渡添加到V1轨道上的8张照片素材之间,如图13-80所示。

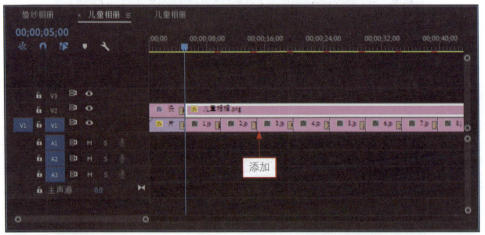

图13-80 添加视频过渡

STEP 05 选择1.jpg素材文件,❶拖曳时间指示器至00:00:05:00的位置;在"效果控件"面板中,❷单击"位置"选项左侧的"切换动画"按钮;❸设置"位置"参数为(360.0,240.0);❹添加第一组关键帧,如图13-81所示。

STEP 06 ❶调整时间线至00:00:08:00的位置;❷单击"缩放"选项左侧的"切换动画"按钮;并设置"缩放"为38.0、"位置"参数为(360.0,280.0);❸添加第二组关键帧,如图13-82所示。

第 13 章　商业广告的设计实战

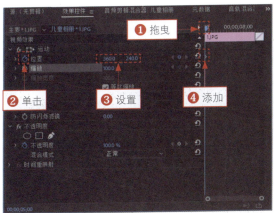
图13-81　添加第一组关键帧

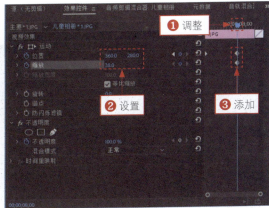
图13-82　添加第二组关键帧

STEP 07　调整时间线至00:00:09:17的位置；设置"缩放"为15.0；添加第三组关键帧，如图13-83所示。

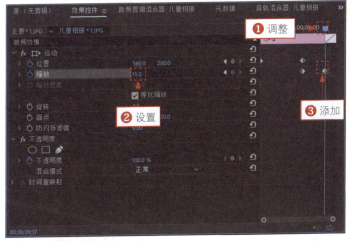
图13-83　添加第三组关键帧

STEP 08　在"节目监视器"面板中单击"播放-停止切换"按钮，即可预览图像运动效果，如图13-84所示。

图13-84　预览图像运动效果

STEP 09　选择2.jpg素材文件，❶拖曳时间指示器至00:00:10:13的位置；在"效果控件"面板中，❷单击"缩放"选项左侧的"切换动画"按钮；❸设置"缩放"参数为15.0；❹添加第一组关键帧，如图13-85所示。

293

STEP 10 ❶ 调整时间线至00:00:12:00的位置；❷ 设置"缩放"为14.0；❸ 添加第二组关键帧，如图13-86所示。

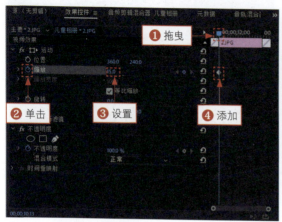

图13-85　添加第一组关键帧　　　　　　　　图13-86　添加第二组关键帧

STEP 11 用同样的方法为其他6张照片素材添加运动特效关键帧，在"节目监视器"面板中单击"播放-停止切换"按钮，即可预览儿童相册主体效果，如图13-87所示。

图13-87　预览儿童相册主体效果

13.3.3　制作儿童相册字幕效果

为儿童相册制作完主体效果后，即可为儿童相册添加与之相匹配的字幕文件。下面介绍制作儿童相

294

册字幕效果的操作方法。

STEP 01 将时间线调整至00:00:05:00位置,选择"文字工具"按钮,在"节目监视器"窗口画面中单击即可新建一个字幕文本框,在其中输入标题字幕"天真无邪",如图13-88所示。

STEP 02 在"时间轴"面板中选择要添加的字幕文件,调整至合适位置并设置持续时间与1.jpg一致,如图13-89所示。

图13-88 输入标题字幕

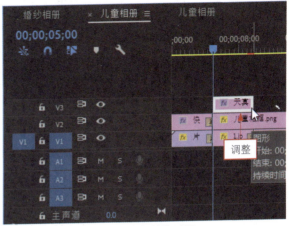

图13-89 调整字幕文件位置与持续时间

STEP 03 在"效果控件"面板中,❶ 设置字幕文件的"字体"为FZShuTi;❷ 设置"字体大小"为80,如图13-90所示。

STEP 04 在"外观"选项区中,选中"填充"复选框,❶ 单击"填充"颜色色块,在弹出的"拾色器"对话框中设置RGB为(220,220,30),单击"确定"按钮;❷ 然后选中"描边"复选框;❸ 单击颜色色块,在弹出的"拾色器"对话框中设置RGB为(220,20,20),单击"确定"按钮;❹ 设置"描边宽度"为5.0,如图13-91所示。

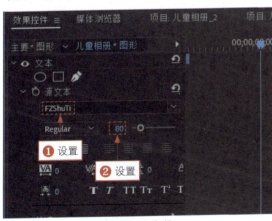

图13-90 设置字幕文件的相应参数

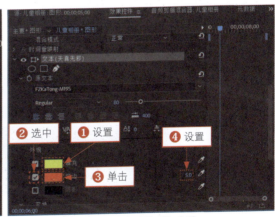

图13-91 设置字幕文件的"外观"参数

STEP 05 在"效果"面板中,❶ 展开"视频效果"|"变换"选项,选择"裁剪"效果;❷ 双击鼠标左键,如图13-92所示,即可为字幕文件添加"裁剪"效果。

STEP 06 在"变换"和"裁剪"选项区中,❶ 设置"位置"参数为(161.5,452.2);❷ 单击"不透明度""右侧"和"底部"选项左侧的"切换动画"按钮;❸ 设置"不透明度"参数为100.0%、"右侧"参数为80.0%及"底部"参数为10.0%;❹ 添加第一组关键帧,如图13-93所示。

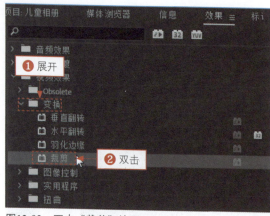

图13-92 双击"裁剪"效果　　　　　　　图13-93 添加第一组关键帧

STEP 07 ❶ 将时间线调整至00:00:08:00位置；❷ 设置"不透明度"参数为100.0%、"右侧"参数为30.0%及"底部"参数为0.0%；❸ 添加第二组关键帧，如图13-94所示。

STEP 08 ❶ 将时间线调整至00:00:09:00位置；❷ 设置"不透明度"参数为0.0%；❸ 添加第三组关键帧，如图13-95所示。

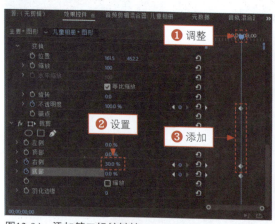 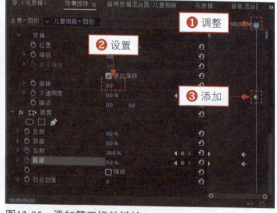

图13-94 添加第二组关键帧　　　　　　　图13-95 添加第三组关键帧

STEP 09 用同样的操作方法为其他7张图像素材添加相匹配的字幕文件，调整字幕文件持续时间与图像素材一致，并为字幕文件添加运动特效关键帧，"时间轴"面板效果如图13-96所示。

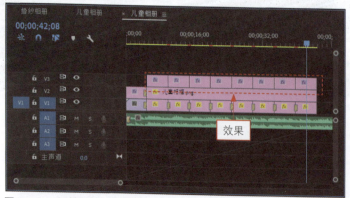

图13-96 "时间轴"面板效果

STEP 10 在"节目监视器"面板中单击"播放-停止切换"按钮,即可预览儿童相册字幕效果,如图13-97所示。

图13-97 预览儿童相册字幕效果

13.3.4 制作儿童相册片尾效果

主体字幕文件制作完成后,即可开始制作儿童相册片尾效果。下面介绍制作儿童相册片尾效果的操作方法。

STEP 01 将"片尾.wmv"素材文件添加到V1轨道上的8.jpg素材的后面,如图13-98所示。

STEP 02 将时间线调整至00:00:46:28位置,选择"文字工具"按钮,在"节目监视器"窗口画面中单击即可新建一个字幕文本框,在其中输入需要的片尾字幕文件,如图13-99所示。

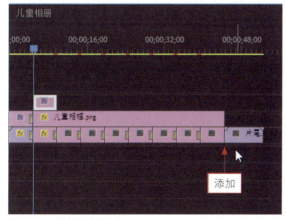

图13-98 添加素材文件

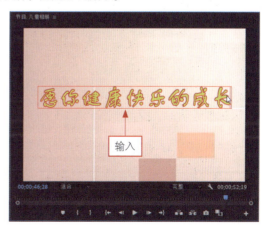

图13-99 输入需要的片尾字幕文件

297

STEP 03 在"时间轴"面板中选择要添加的字幕文件,调整至合适位置并设置持续时间为00:00:04:00,如图13-100所示。

STEP 04 在"效果控件"面板中,❶ 设置字幕文件的"字体"为FZShuTi;❷ 设置"字体大小"为70,如图13-101所示。

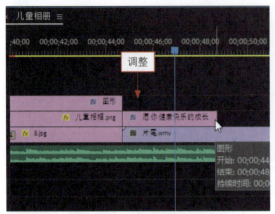

图13-100 调整字幕文件位置与持续时间　　图13-101 设置字幕文件的相应参数

STEP 05 在"外观"选项区中,选中"填充"复选框,❶ 单击"填充"颜色色块,在弹出的"拾色器"对话框中设置RGB为(220,220,30);❷ 然后选中"描边"复选框,❸ 单击颜色色块,在弹出的"拾色器"对话框中设置RGB为(220,20,20),单击"确定"按钮;❹ 设置"描边宽度"为5.0,如图13-102所示。

STEP 06 在"变换"选项区中,❶ 单击"位置""缩放"和"不透明度"选项左侧的"切换动画"按钮;❷ 设置"位置"参数为(220.0,470.0)、"缩放"参数为50及"不透明度"参数为0.0%;❸ 添加第一组关键帧,如图13-103所示。

STEP 07 ❶ 将时间线调整至00:00:45:10位置;❷ 设置"位置"参数为(120.0,180.0);❸ 添加第二组关键帧,如图13-104所示。

STEP 08 ❶ 将时间线调整至00:00:46:00位置;❷ 设置"位置"参数为(45.0,240.0)、"缩放"参数为100及"不透明度"参数为100.0%;❸ 添加第三组关键帧,如图13-105所示。

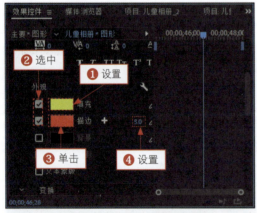 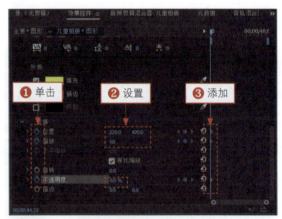

图13-102 设置字幕文件的"外观"参数　　图13-103 添加第一组关键帧

STEP 09 ❶ 将时间线调整至00:00:48:00位置;❷ 选择上一组关键帧,单击鼠标右键;❸ 在弹出的快捷菜单中选择"复制"命令,如图13-106所示。

第13章　商业广告的设计实战

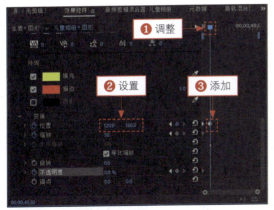

图13-104　添加第二组关键帧

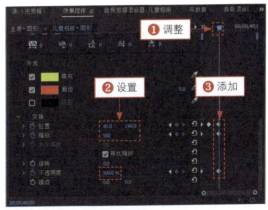

图13-105　添加第三组关键帧

STEP 10 在时间线位置单击鼠标右键，在弹出的快捷菜单中选择"粘贴"命令，分别将"位置""缩放"及"不透明度"的第三组关键帧参数粘贴至在时间线位置，添加第四组关键帧，如图13-107所示。

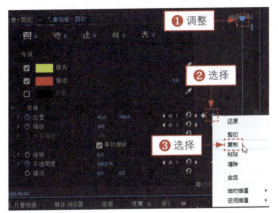

图13-106　选择"复制"命令

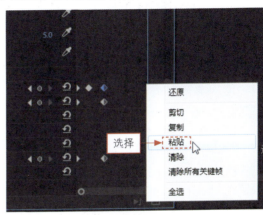

图13-107　添加第四组关键帧

STEP 11 ❶ 将时间线调整至00:00:48:21位置；❷ 设置"位置"参数为（730.0，5.0）；❸ 添加第五组关键帧，如图13-108所示。

STEP 12 用同样的方法，在00:00:48:22的位置再次添加一个相应的字幕文件，并设置字幕持续时间为00:00:03:27，如图13-109所示。

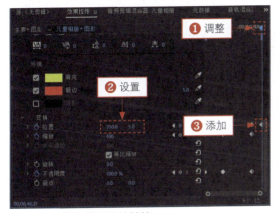

图13-108　添加第五组关键帧

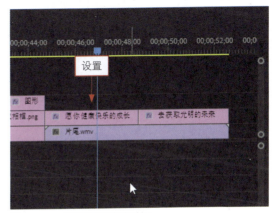

图13-109　设置字幕持续时间

STEP 13 在"效果控件"面板中，❶ 设置字幕文件的"字体"为FZShuTi；❷ 设置"字体大小"为70，如图13-110所示。

STEP 14 在"外观"选项区中，选中"填充"复选框，❶ 单击"填充"颜色色块，在弹出的"拾色器"对话框中设置RGB为（220，220，30）；❷ 然后选中"描边"复选框；❸ 单击颜色色块，在弹出的"拾色器"对话框设置RGB为（220，20，20），单击"确定"按钮；❹ 设置"描边宽度"为5.0，如图13-111所示。

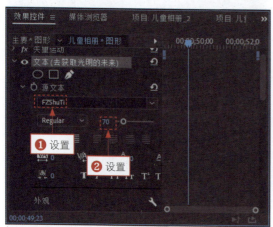

图13-110 设置字幕文件的相应参数　　　图13-111 设置字幕文件的"外观"参数

STEP 15 在"变换"选项区中，❶ 单击"位置""缩放"和"不透明度"选项左侧的"切换动画"按钮；❷ 设置"位置"参数为（220.0，470.0）、"缩放"参数为50及"不透明度"参数为0.0%；❸ 添加第一组关键帧，如图13-112所示。

STEP 16 ❶ 将时间线调整至00:00:49:10位置；❷ 设置"位置"参数为（120.0，180.0）；❸ 添加第二组关键帧，如图13-113所示。

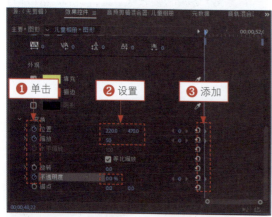 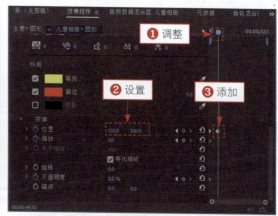

图13-112 添加第一组关键帧　　　图13-113 添加第二组关键帧

STEP 17 ❶ 将时间线调整至00:00:50:00位置；❷ 设置"位置"参数为（60.0，220.0）、"缩放"参数为100及"不透明度"参数为100.0%；❸ 添加第三组关键帧，如图13-114所示。

STEP 18 在"节目监视器"面板中单击"播放-停止切换"按钮，即可预览儿童相册片尾效果，如图13-115所示。

第13章 商业广告的设计实战

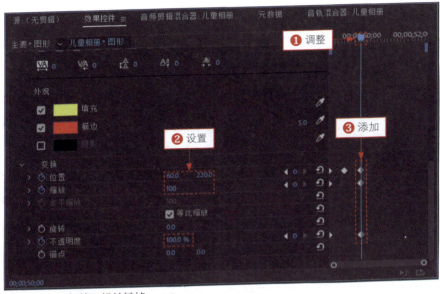

图13-114 添加第三组关键帧

图13-115 预览儿童相册片尾效果

 13.3.5 编辑与输出视频后期

在制作相册片尾效果后,接下来就可以制作相册音乐效果。添加适合儿童相册主题的音乐素材,并且在音乐素材的开始位置与结束位置添加音频过渡。下面介绍制作相册音乐效果的操作方法。

STEP 01 将时间线调整至开始位置，在"项目"面板中，将"音乐.mpa"素材添加到"时间轴"面板中的A1轨道上，如图13-116所示。

STEP 02 将时间线调整至00:00:52:19位置，选择"剃刀工具"，在时间线位置单击即可将音乐素材分割为两段，如图13-117所示。

图13-116 添加音频文件　　　　　　　　图13-117 将音乐素材分割为两段

STEP 03 单击"选择工具"，选择分割的第二段音乐素材，按【Delete】键删除，如图13-118所示。

STEP 04 在"效果"面板中展开"音频过渡"|"交叉淡化"选项，选择"指数淡化"选项，如图13-119所示。

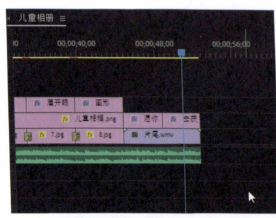 

图13-118 删除第二段音乐素材　　　　　图13-119 选择"指数淡化"选项

STEP 05 将选择的音频过渡添加到"音乐.mpa"的开始位置，制作音乐素材淡入特效，如图13-120所示。

STEP 06 将选择的音频过渡添加到"音乐.mpa"的结束位置，制作音乐素材淡出特效，如图13-121所示。

STEP 07 在"节目监视器"面板中单击"播放-停止切换"按钮，试听音乐并预览视频效果。

STEP 08 单击"文件"|"导出"|"媒体"命令，弹出"导出设置"对话框，单击"格式"选项右侧的下拉按钮，在弹出的列表框中选择AVI选项，如图13-122所示。

STEP 09 单击"输出名称"右侧的"儿童相册.avi"超链接，弹出"另存为"对话框，在其中设置视频文件的保存位置和文件名，单击"保存"按钮，如图13-123所示。

第13章 商业广告的设计实战

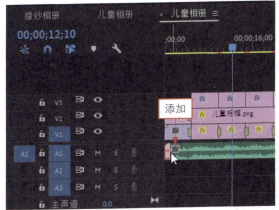

图13-120 制作音乐素材淡入特效

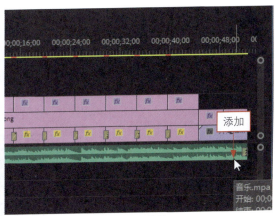

图13-121 制作音乐素材淡出特效

图13-122 选择AVI选项

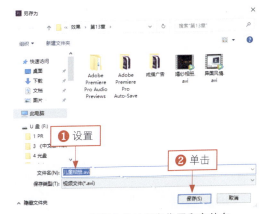

图13-123 设置视频文件的保存位置和文件名

STEP 10 返回"导出设置"界面，单击对话框右下角的"导出"按钮，如图13-124所示。

STEP 11 弹出"渲染所需音频文件"对话框，开始导出编码文件，并显示导出进度，如图13-125所示，稍后即可导出儿童相册。

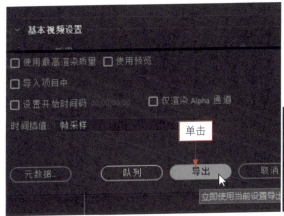

图13-124 单击"导出"按钮

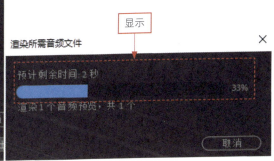

图13-125 导出儿童相册

303

读者服务

读者在阅读本书的过程中如果遇到问题，可以关注"有艺"公众号，通过公众号与我们取得联系。此外，通过关注"有艺"公众号，您还可以获取更多的新书资讯、书单推荐、优惠活动等相关信息。

扫一扫关注"有艺"

资源下载方法：关注"有艺"公众号，在"有艺学堂"的"资源下载"中获取下载链接，如果遇到无法下载的情况，可以通过以下三种方式与我们取得联系。

1. 关注"有艺"公众号，通过"读者反馈"功能提交相关信息；
2. 请发邮件至art@phei.com.cn，邮件标题命名方式：资源下载+书名；
3. 读者服务热线：（010）88254161~88254167转1897。

投稿、团购合作：请发邮件至art@phei.com.cn。

视频教学

随书附赠实操教学视频，扫描下方二维码关注公众号即可在线观看全书视频。

全书视频